水体污染控制与治理科技重大专项资助（2009ZX07419-006）

城市供水绩效评估

韩伟　李爽　张现国　编著

中国建筑工业出版社

图书在版编目（CIP）数据

城市供水绩效评估/韩伟，李爽，张现国编著 .—北京：中国
建筑工业出版社，2016.5
水体污染控制与治理科技重大专项资助（2009ZX07419-006）
ISBN 978-7-112-19381-3

Ⅰ.①城… Ⅱ.①韩… ②李… ③张… Ⅲ.①城市供水—
评估—研究 Ⅳ.①TU991

中国版本图书馆 CIP 数据核字（2016）第 091938 号

　　本书系统、全面地介绍了适合我国国情的供水行业绩效指标体系、评估方法，并通过
实际案例展示了整个绩效评估的全过程，为城市主管部门和供水企业快捷理解并掌握这套
绩效评估体系，从整体上提高供水行业的绩效管理水平，提供了便利的工具。

责任编辑：于 莉
责任校对：李美娜 刘梦然

城市供水绩效评估
韩伟 李爽 张现国 编著
*
中国建筑工业出版社出版、发行（北京西郊百万庄）
各地新华书店、建筑书店经销
北京永峥有限责任公司制版
北京圣夫亚美印刷有限公司印刷
*
开本：787×1092 毫米 1/16 印张：10½ 字数：203 千字
2016 年 5 月第一版 2016 年 5 月第一次印刷
定价：**35.00** 元
ISBN 978-7-112-19381-3
　　　（28620）

序

随着我国城市供水行业改革的不断深入，消费者对饮用水安全卫生意识的增强，政府更加重视对企业运营绩效和服务效果的监管，从而使消费者在水质、服务和价格上更多受益；企业则希望通过切实可行的管理手段提高效率和服务质量，在满足政府要求与消费者需求的基础上提高企业效益，树立良好的企业形象。为此，需要建立一套政府、企业和消费者共享的绩效评估管理体系。

绩效评估管理作为一种行之有效的管理方法，已在一些发达国家得到了较好的研究和应用。20世纪90年代末期，国际水协、世界银行等国际组织对供水绩效评估管理的重视和研究，加速了绩效评估管理在澳大利亚、法国、英国（最好点出几个国家）供水企业中的应用。相比之下，我国城市供水行业在这方面的探索实践明显滞后，相关的研究也缺乏系统性，供水绩效评估管理的指标体系、基准体系、考核及评价体系尚不健全，迫切需要开展系统研究，并在总结示范经验的基础上，建立可实际用于政府、行业、企业的绩效评估管理体系。为此，住房和城乡建设部将"城市供水绩效评估体系研究与示范"课题列入了"十一五"国家水体污染控制与治理科技重大专项，并由北京首创股份有限公司等10家企业和科研单位共同完成了任务。

课题组在研究过程中，特别注意到我国幅员辽阔、地区差异大、发展极不平衡等客观情况，也充分认识到构建指标体系的复杂性和数据采集的局限性等制约因素。因此，在研究中特别注重与供水行业、政府主管部门、行业协会等机构的交流合作，广泛征求各方面专家的意见和建议，力求使研究成果更具代表性、适用性和可操作性，获得了行业的广泛赞同和肯定。课题组将此研究成果的编著成书，系统地介绍了城市供水行业绩效评估管理的指标体系和评估方法，并通过实际案例展示了绩效评估的全过程，便于使用者快捷理解并掌握这套技术方法体系，具有重要的理论指导意义和参考借鉴价值。

在新书即将付梓之际，我想借此机会向参与绩效课题研究、咨询和管理的所有专家同行表示祝贺，这是第一本属于我们供水行业自己的、具有中国特色的"绩效管理体系"。同时，我们也应该清醒认识到，这次出版的只是"十一五"

的阶段研究成果，"十二五"的相关研究和示范还在进行中，期待在不久的将来能够产出更加实用、更接"地气"的系统成果，为我国供水行业全面推行绩效评估管理体系打下坚实基础。

中国城镇供水排水协会副会长兼秘书长
国家"水体污染控制与治理"重大科技专项技术副总师

致　谢

这本集国家"十一五水专项"下"城市供水绩效评估管理研究与示范"课题研究成果和绩效管理实践的书籍即将面世，这是课题研究成果基础上的凝练，是集体智慧的结晶。

作为"水专项"下管理技术研究项目之一的"城市供水绩效评估管理研究与示范"课题，在2009～2012年的研究和示范应用过程中，课题组以中国城市供水绩效管理需求为出发点，学习国际经验，深入分析我国城市供水行业的现状问题，以建立我国供水行业绩效评估指标体系和管理方法为目标开展调研、分析与示范评估，形成了绩效指标手册、供水行业绩效管理评估方法指南、绩效评估信息平台等一系列成果。

课题研究由北京首创股份有限公司牵头，参加单位包括中国城市规划设计研究院、北京建筑大学、上海市自来水市南有限公司、成都市自来水有限责任公司、安庆市自来水公司、马鞍山首创水务有限责任公司、淮南首创水务有限责任公司、铜陵首创水务有限责任公司、建设部水处理新技术产业化基地等单位。课题实施过程中，住房和城乡建设部原副部长仇保兴多次接见和鼓励研究人员，并明确指出引入市场机制的中国水务行业需要绩效评估管理，没有绩效评估管理水务行业将处于无序竞争；中国水协李振东会长、邵益生副会长多次听取课题组汇报，要求研究人员立足行业需求，以形成适于行业应用的成果；城建司张悦司长、章林伟副司长对于绩效指标的选择提出意见，并协调组织会议，征求部分省级管理部门及行业专家对于绩效评估管理办法的意见。课题自始至终得到了国际水协前任副主席 Helena Alegre 女士、中国水协刘志琪女士等专家的热情支持，他们亲临示范城市，考察水务公司的管理需求，帮助解决研究中的关键问题，这是对于课题组的极大鼓舞，对于绩效研究有力的帮助。在这三年的课题研究中，参加课题组的十家单位都派出了专业人员，同齐心协力完成了方法研究、数据采集、平台搭建、协助专家评估等一系列工作，使课题得以顺利实施，这也是我们得以完成此书的基础，我们深深为各位的信任、敬业、执着所感动，在此诚挚感谢！

目 录

第1章 导　　论

1.1　背景介绍

20世纪八九十年代，随着西方发达国家公用事业管理体制的变革与发展，国际上对于"绩效评估与管理"这一管理方法体系的研究日渐深入，许多国际组织、政府监管部门、行业协会以及水务企业都开始了对水务行业绩效管理的研究。国际水协（International Water Association，IWA）和世界银行（the World Bank Group，WBG）对水务绩效评估与管理的研究成果最具代表性，极大地推进了绩效评估与管理在供水行业中的应用和发展。二十多年来，供水行业的绩效管理已经由监管部门为运营企业下达关键指标发展成为更加系统化、科学化的管理体系，并将其应用于对供水行业的监管、水务企业的发展规划、投资预算和价格调整等审批依据。目前许多国家的协会和监管部门均建立了各自的绩效评估或管理体系，如英国水务办公室（Office of Water Services，United Kingdom，OF-WAT）、澳大利亚供水协会（the Water Services Association of Australia，WSAA）、美国水协（American Water Works Association，AWWA）、荷兰供水协会（Vewin）等[1,2,3]。

回顾我国城市供水事业的市场化发展与改革，二十多年来已经在探索中走过了两个阶段。第一阶段：从20世纪90年代初开始，以开放市场为主旨，以招商引资、打破垄断为基本特征，投资主体转向多元化。这改变了城市供水行业原来由政府投资的单一结构，为引入竞争机制打下了良好的基础。为了配合供水行业市场开放，供水价格的制度化建设也在此阶段开始实施，并建立了供水价格体系，启动了污水处理收费工作。这为城市水务市场化改革提供了十分重要的前提条件。第二阶段：从20世纪90年代末开始，以引入竞争为主旨，以企业产权改革、水价改革和市场准入为特征。传统的国有供水企业改制引发了供水行业产权体制的改革，这为进一步的政企分开打下基础。同时，提出了"全成本价格"概念，这改变了城市供水行业的社会福利性质。最为重要的一点是市政公用事业特许经营制度的实施，引入了市场准入竞争机制，确定了政府与企业之间监管与被监管的市场关系。这些措施为进一步完善供水行业市场化的体系框架奠定了基础。

目前我国城市供水事业沿革正逐步向第三阶段迈进[4,5]。它始于 21 世纪初，以提高效率为主旨，以注重监管、重视运营、提高服务水平和保障供水安全为特征。随着第三阶段到来和延续，政府更加注重考核供水企业的运营效率和服务水平，进而使公众在水质、服务和价格上受益；供水企业特别是具有自主投资能力的供水企业，更加注重企业生产过程的精细管理，通过采取措施提高工作效率与服务质量，降低成本扩大盈利空间，通过能力和服务提升确立企业在行业中的竞争优势；供水行业协会也需要通过绩效管理的有效手段，发挥行业协会作用，发现问题和交流经验，进而反映企业诉求、促进行业自律，努力为会员服务。

然而我国在供水绩效评估和管理方面的研究尚属初级阶段。到目前为止，尚未形成普遍应用的城市供水绩效评估与管理体系，尽管一些指标在供水行业年鉴及相关政府部门的统计年报中有所反映，但基本上只有少数指标能够直接反映供水企业的绩效。部分指标的定义不够统一、明确和透明，不利于企业之间的绩效横向比较和企业自身绩效纵向比较，无法产生促进提高绩效的直接作用。此外，尽管某些企业自身有内部绩效考核体系，但受到其定义差异和运行机制等原因的限制，难以形成供水行业绩效评估与管理的示范作用。

"工欲善其事，必先利其器"，探索一种既能有效提高供水行业绩效，帮助企业经营者改善长远绩效，又能达到政府监管目的的实用工具尤显迫切。在此背景下，本书获得了"十一五"国家水体污染控制与治理科技重大专项——饮用水安全保障管理技术体系研究与示范项目——"城市供水绩效评估体系研究与示范课题（2009ZX07419-006）"的资助，对我国城市供水绩效指标体系、绩效评估方法、绩效数据采集方法和途径、绩效管理流程进行了研究和论述。

1.2　国外供水绩效管理综述

城市供水绩效管理经历了一个从无到有、从有到优的渐进式发展过程。20世纪六七十年代，西方发达国家通过实施一系列的水务行业体制改革，建立起了较为完善的水务管理体制。20 世纪八九十年代，伴随着水务管理体制改革的不断出现和发展，国际上许多国家的城市水务管理已经由监管部门为运营企业下达关键指标，发展成为相对完整、系统和科学的绩效评估体系。英国、美国和澳大利亚等发达国家纷纷建立了各自的城市供水绩效评估与管理体系。英国以 OF-WAT 为代表，通过运用绩效标杆管理手段对供水企业进行监督和管理，并依此作为审批企业发展规划、投资预算和价格调整的重要依据；美国水务管理体制由联邦政府、州政府和地方政府三级构成，联邦政府负责制定法律、提供水务监督平台，州政府负责供水绩效评估与管理的实施。

迈入 21 世纪, 城市供水绩效评估已经发展成一种有效管理市政公用事业的手段、工具和方法体系, 并逐渐向以目标为导向的城市供水绩效管理发展。以 IWA 和 WBG 为代表的国际组织也相继建立了供水绩效评估与管理工具, 如国际水协编写的《Performance Indicators for Water Supply Services》(《供水服务绩效指标手册》)、世界银行开发的 "IBNET (国际供排水绩效标杆管理网络) 工具箱", 它们已经在全球 2400 多个城市水务企业的绩效评估与标杆管理中得到了广泛的引用、试用或应用。

1.2.1 英国供水绩效管理

英国是世界上最早进行水务行业产权改革并引入私有化的国家, 伴随城市供水管理体制几次比较重大的变革与发展, 已经建立起了比较成熟的绩效管理体系, 将绩效管理应用于对水务行业的监督和管理, 并以此作为审批水务企业发展规划、投资预算、价格调整幅度等的重要依据, 取得了明显的效果。

1. 英国供水管理体制

1973 年之前, 英国水务行业呈高度分散的格局, 共拥有超过 1000 家的供水实体和大约 1400 家排水实体, 几乎所有的水务实体都隶属于地方当局, 导致水资源的规划非常散乱且在地区和国家层面缺乏协调。1973 年, 通过打破按行政区划分管辖权的限制, 实施按流域划分管理, 成立了具有公用事业性质的水务局。水务局拥有水务产业的管理和资产所有权。1983 年, 水务局的实际控制权从地方转移到中央政府, 中央政府对所有的水务局都有严格的财务约束和绩效考核目标。这种管理结构趋于合理, 但是缺乏促进水务投资的能力。由于经济持续不稳定和各届水务局累计的高负债水平, 导致整个行业投资不足, 其发展难以实现欧盟日益严格的要求, 并造成公众的不满。1989 年, 为解决投资问题, 英国正式实施水务行业私有化, 将水务局改制成为国家控股的水务公司。

2. 英国供水管理机构

为了保证用户的利益和对环境的保护, 水务行业私有化引发了政府监管角色的分离, 成立了若干个独立的监管机构, 主要机构包括水务办公室 (OFWAT)、饮用水监管局 (DWI) 和环境署 (EA) 和水务消费者委员会 (CCWater)。①水务办公室于 1989 年设立, 其职能是对英格兰和威尔士地区的饮用水和污水处理行业进行监管, 督促水务公司提高运营水平, 为消费者提供更持续和有效的服务, 维护水业市场正常的竞争环境。水务办公室负责发放水业经营许可证, 开展英格兰和威尔士地区的水务管理工作。②饮用水监管局于 1990 年成立, 其主要职能是监管英格兰和威尔士地区的饮用水安全。饮用水监管局受理消费者的投诉和可能影响水质的有关事故。事故调查结果有时可以把水务公司送上法庭。③环境署的职责是维护和改进英格兰和威尔士地区的淡水、海水、地表水和地下水的质量，减少和降低水污染，同时也是水业的环境监管机构。④水务消费者委员会于2005年成立。该委员会为一个代表消费者利益的独立组织，在英格兰和威尔士地区设有10个地区委员会。各地区委员会负责监督所在地区的水务公司经营情况，受理消费者投诉等。

3. 英国供水绩效管理

水务办公室联合饮用水监管局、水务消费者委员会、环境署运用竞争手段、绩效评估、定期审核、信息公开、公众参与、惩戒与奖励机制和绩效标杆管理对英格兰和威尔士地区的供、排水企业进行监督和管理，促使水务公司不断改善绩效，向用户提供更优质的服务。

水务办公室要求英格兰和威尔士的供、排水企业每年必须提交"六月反馈"（June Return）报告，该报告包含了所有的供排水绩效指标和基础数据，是水务办公室作为全面绩效评估的主要信息来源。水务办公室根据供水企业提交的"六月反馈"，应用综合绩效来评估各供、排水企业，并且向公众公布各供、排水企业的综合绩效评估得分，以实现对其供排水服务过程监管、绩效比较、运行成本核算、比较以及制定水价上限。

另外，英国参与国际间的城市供排水绩效指标比较已经数年。自1996年以来，水务办公室将英格兰和威尔士的私有水务公司与监管体制不同的澳大利亚供、排水企业进行绩效全面的比较。

4. 英国供水绩效指标

供水绩效管理的内容之一是绩效评估，绩效评估的依据和信息来源是绩效指标。英国供水绩效指标经历了由少变多的过程，饮用水监管局参考世界卫生组织和欧盟的建议，依据《水供应管理条例》进行确定和修订。水务办公室将绩效指标和评估标准纳入消费者信息指数报告中，绩效指标涉及自来水供给（水压、水质）、供水安全、客户服务、环境影响（泄漏、污染事件）等四个方面20个关键指标。这四方面主要体现出英国在进行水务行业绩效管理时注重用户满意、市场监管和促进行业可持续发展的价值取向，尤其是在其行业整体发展水平较高的前提下，英国将确保顾客实惠作为绩效考核的首要指标，高度强调用户在价格、服务和质量方面的满意度，体现出用户至上的特征，同时，将评估生产效率、审计成本构成作为确定水价调整的重要依据。

1.2.2　国际水协供水绩效指标体系

1997年以来，国际水协供水绩效指标和标杆管理工作组（以下简称"国际水协绩效工作组"）一直努力开发一套普遍适用的绩效评估工具和一个标准性的绩效指标体系，为企业管理、决策者提供全面的供水绩效信息，促进供水企业的标杆管理，提高其管理质量和运行效率，并以此作为战略选择的强力后盾。2000年，国际水协绩效工作组推出了《供水服务绩效指标手册》（第一版）。后续国际水协绩效工作组根据第一版指标体系在世界范围内的70多个企业应用试验情况修订了部分指标和方法，于2006年推出了《供水服务绩效指标手册》（第二版）（中文译本于2011年4月由中国建筑工业出版社出版）。

虽然国际水协绩效指标体系缺少温室气体排放和污泥处置、利用等方面的指标，但世界各国在进行构建各自的绩效评估指标体系和实施绩效管理时仍以国际水协的绩效指标体系作为主要参考。国际水协绩效指标体系中的部分绩效指标和相关定义已被国际标准化组织（International Standardization Organization，ISO）"饮用水供应及污水处理系统服务质量标准和效率指标"技术委员会采纳，如ISO/CD 24510和ISO/CD 24512中的部分服务评价指标。此外，国际水协绩效指标工作组还研发了绩效评价软件SIGMA 2.0，便于供水企业收集数据和计算绩效指标，帮助其分析、跟踪和控制某些关键绩效指标，进而推进了供水企业在世界范围内的标杆管理。

IWA绩效指标体系最基本的构成单位是基础数据，它可以现场测定或较容易地获取，每个基础数据均配有可靠性和准确性评价。根据基础数据的属性或在系统中的作用，可将其分为绩效指标、指标变量、背景信息等。

（1）绩效指标：又称复合指标，是由单项指标或其他基础数据运算所得。根据评价要素和使用者不同，IWA170个绩效指标分为6大类：即4个水资源类指标、26个人事类指标、15个实物资产类指标、44个运行类指标、34个服务质量类指标和47个经济与财务类指标。IWA供水绩效指标体系见附录A国外城市供水绩效指标体系。

（2）指标变量：指标变量也称单项指标，它是系统中的一种基础数据，与运算规则紧密联系，以便定义绩效指标。IWA绩效指标体系中的232个单项指标共分为8组，即22个水量数据、26个人事数据、25个实物资产数据、65个运行数据、11个人口及客户数据、23个服务质量数据、58个财务数据和2个时间数据。

（3）背景信息：用于反映供水企业内部固有特征的基础数据，共100个详见《供水服务绩效指标手册》（原著第二版）。

1.2.3 世界银行供水绩效指标体系

世界银行国际供排水绩效标杆管理网络（The International Benchmarking Network for Water and Sanitation Utilities，IBNET）源于20世纪90年代的一个收集供

水绩效数据的项目。当时由于供水系统之间缺乏标准化的定义，收集绩效数据难以进行有效的比较，所以开发了"IBNET"，并在 21 世纪初对其加以改进，形成了今天的"IBNET 工具箱"。目前，"IBNET 工具箱"作为全球供水行业绩效数据库，收集了包括中国在内的 95 个国家的 2400 多个供水企业的绩效数据[6]。"IBNET 工具箱"作为一套标准化的指导文件和网络化软件，可为供水企业提供有关绩效数据收集、定义和评估方法方面的指导；可辅助供水行业进行信息汇编、比较、分析和共享城市供水绩效指标信息，以通过建立公用事业、公用事业协会和监管者之间的联系，促进供水行业的运行绩效水平的提升。

"IBNET 工具箱"包含一系列绩效指标和单项指标。绩效指标是由银行、咨询公司、国家水务管理部门等各方面的专家讨论形成。

（1）绩效指标，根据指标性质分为定量指标和定性指标。定量指标分为 10 类共 79 项指标（48 个为供水绩效指标），其分类为：A 服务覆盖率、B 产水和用水、C 产销差、D 水表、E 管网性能、F 运营成本与员工、G 服务质量、H 账单与收入、I 财务绩效、J 资本。定性指标分为 6 类共 19 个指标。

（2）单项指标，"IBNET 工具箱"中的 81 项单项指标分为定性和定量指标两类。其中描述性指标 10 项，定量指标 71 项，定量指标中 47 项为供水指标，24 项为排水指标[7,8,9]。WBG 供水绩效指标体系见附录 A 国外城市供水绩效指标体系。

1.2.4　其他供水绩效指标体系

早在 20 世纪 90 年代末，葡萄牙就建立了一套包含 50 个指标的城市供水绩效指标体系，该体系涵盖了供水基础设施、运行、服务、人事和经济共五个方面的绩效指标，并将其应用于供水系统漏失管理[10,11]。2008 年，葡萄牙调整了绩效指标体系的指标分类和指标数量，重新构建了涵盖供水水质、供水系统可靠性、能源资源利用、副产物管理、供水安全、人力资源、财务与经济共七个评价方面 77 个指标的绩效评价体系。另外，葡萄牙供水服务监管机构（Institute for the Regulation of Water and Solid Waste，IRAR）、环境管理局（National Institute for Water，INAG）和健康管理局（Health General Directorate，DGS）联合制定了 20 个供水关键绩效指标目标值和基准值。葡萄牙供水绩效指标体系见附录 A 国外城市供水绩效指标体系。

澳大利亚也已建立了比较成熟的绩效管理体系，并将绩效管理的方法应用于对行业的监督和管理，以此作为审批水务企业发展规划、投资预算和价格调整幅度的重要依据，取得了明显的成绩。澳大利亚的国家城市供水绩效报告（NPR）是城市供水行业绩效最权威、最全面和详细的报告。该报告包含 82 个公用事业单位或企业公布的多达 150 项关键指标和连续 6 年的指标数据。绩效指标涵盖水资源、健康、用户或客户服务、资产管理、环境、财政和价格。通过供水企业内部自身的绩效纵向比较和供水企业间绩效的横向比较，可以揭示其发展趋势和差距，并对发展趋势做出相应的分析与解释。澳大利亚供水绩效指标体系见附录 A 国外城市供水绩效指标体系。

荷兰供水行业一直在探讨改善其绩效透明度和运行效率的途径。1997 年，荷兰供水协会（Vewin）建立了供水行业标杆管理系统，并于 1997、2000、2003 和 2006 年连续 4 次运用绩效指标体系对供水企业进行绩效评估和比较[12]。绩效指标体系从水质、服务、环境、财务与效率四个主要方面描述供水行业的绩效[13]。

1.3 国内供水绩效评估现状

在我国，政府对于供水企业的监督管理主要通过主管部门和相关管理部门颁布行政法规和技术规程等进行引导和约束性管理，比如《城市供水条例》对水量、水压和水质监测等方面的要求；《城市供水价格管理办法》对利润水平、成本约束的要求；《城市供水管网漏损控制及评定标准》对管网漏损控制的要求。

20 世纪 90 年代开始，建设部计划财务司采用了部分科研成果，在其印发的《城市建设统计指标解释》中包括了城市供水企业的生产能力、经营状况、管网漏损率、服务水平等指标，与欧美等国家用于企业绩效评估的指标有相通之处，已成为在我国供水行业开展绩效评估工作的基础。

1.3.1 行业层面绩效评估

从 20 世纪 80 年代起，中国城镇供水协会就开展了对城市供水企业生产能力、经营状况和服务水平等指标的统计工作，为了解我国城市供水企业的生产经营状况和管理水平积累了宝贵的材料。

2001 年，中国城镇供水协会依据建设部下发的关于印发《城市建设统计指标体系及制度方法修订工作方案》的通知（建综［2000］26 号）要求，对《城市供水统计年鉴》的指标作了比较全面的调整和补充，力求满足指标系统化和标准化的要求。修订后的城市供水统计年鉴指标包括 6 个部分，分别为：供水售水、供水管道、供水服务、供水生产经营管理、供水财务经济、供水价格。

为适应社会主义市场经济条件下城市规划、建设与管理的需要，2001 年，建设部组织力量对现行的《城市建设统计指标解释》进行了修订，并下发了《关于印发城市建设统计指标解释的通知》（建综［2001］255 号），将修订后的

《城市建设统计指标解释》作为填报统计报表的依据。

2004～2005年，在世界银行的支持下，清华大学、深圳水务集团等单位运用世界银行的"IBNET工具箱"对于深圳、哈尔滨、宿迁等11个大中城市进行了案例研究。2005～2006年，清华大学和北京首创股份有限公司（以下简称首创股份）共同进行了建设部"城市供水行业绩效关键指标研究"的课题研究。参考了IWA、IBNET等的绩效指标体系，围绕水质和服务监管、成本与价格监管要求，提出了企业和政府比较关注的10个复合型绩效指标，并在马鞍山首创水务有限公司进行了试用。

2006～2007年，在世界银行的支持下，山东省建设委员会、山东省城市供水协会在山东省选择了30多个供水企业联合开展了供水绩效比较评价工作。该项目完全采用WBG的"IBNET工具箱"中的绩效指标作为统计指标，将指标分为服务覆盖率、水生产和消耗、未回收水费水量、水表计量、管网系统特性、成本和人力、服务和质量、账单的水费收缴、财务、资本投资等10类指标，并针对每个单项指标作了横向比较和分析。

虽然我国城市供水行业绩效评价取得了一定的成果，但是由于其仍处于起步阶段，绩效指标体系不够完善、指标的定义尚待清晰、数据的采集比较困难、指标体系分散针对性不强，难以形成系统性和整体性的指标体系，难以体现指标的普适性和差异性，难以把握数据采集的规范性和可操作性，不利于企业间的横向比较和自身的纵向比较。鉴于此，目前，我国尚无由政府在全国范围内推行的城市供水企业绩效评估系统，绩效管理处于相对薄弱的状态。

1.3.2　企业层面绩效评估

我国在供水企业绩效评估方面有一定的基础和积累，源于企业管理的自身需求，供水企业对于绩效评估这一管理工具有不同程度的应用，指标选择和评估方法由供水企业自主确定，将绩效评估作为企业内部管理的方法之一。例如：上海浦东威立雅自来水有限公司制定了一套完整的经营管理绩效考核体系，主要包括生产、对外服务、财务和管理四个方面，涉及考核指标41个。上海市自来水市南有限公司制定的内部考核体系主要用于公司对基层单位的考核，考核满分为100分，考核范围涉及经济技术（服务）指标、专业管理指标、阶段重点工作指标等三个方面，共计52个指标（每个指标均有定义解释）。成都市自来水有限责任公司为适应公司管理模式的转变和公司发展的需要，2009年建立了以目标管理体系为前提的组织绩效管理体系，该体系分为水厂、管网、营销单位三个维度，每个维度分为发展类、基础类和监控类三个类型的指标，共计25个指标，每个指标均具有目标值，考核方式分为定量评价与定性评价两种形式。

自 2005 年起，首创股份对所属水务企业开展以总经理目标责任书为核心的绩效管理方法，被认为是相对比较成熟的企业绩效自我评估管理体系。几年来，在研究国内外供水绩效指标体系特点的基础上，结合我国供水行业特点和首创股份的实际状况，初步建立了由董事会、考核部门及（下属公司）经营层组成的绩效评价管理体系。各水务公司董事会是绩效评估的主体，水务公司为绩效评估的客体。绩效评估包括两方面，一方面是总经理年度经营目标责任书完成情况，另一方面是公司持续发展能力。董事会负责公司年度经营计划和财务预算的审定，就关键指标与总经理签订目标责任书，委派由专业人员组成的绩效考核组负责日常绩效监管，并在年终对水务公司进行绩效考核。总经理年度目标责任书中包括财务状况、运行管理、生产安全、服务质量方面的 10 项绩效考核指标，并规定考核的基准值，考核结果高于基准值加分，低于基准值则减分，责任书中对考核结果的奖惩进行明确规定，在经营班子的薪酬结构中设立与考核结果挂钩的绩效工资。

这些企业建立的绩效评估指标体系和管理办法比较好地结合了其自身特点，指标的选择针对特定目标，符合供水企业对绩效评估的特定用途，在企业的自身管理中起到了重要作用。但从行业角度来看，由于这样的绩效评估缺乏系统性和整体性，缺乏对于行业进步的引导性设计，不具有普遍适用性和可比性，推广应用的局限性大。

1.4 供水绩效评估和管理简介

1.4.1 绩效相关理论基础

1.4.1.1 绩效的涵义

绩效一词来源于西方，英文单词为"performance"[14]。绩效是业绩和效率的统称，包括活动结果和活动过程效率两层含义[15]。人们通常浅显地将绩效理解为成绩与效果，然而美国学者 Bates 和 Holton 指出，"绩效是一个多维建构，因观察和测量的角度不同，其定义和结果也会不同"。因此，我们要想进行绩效的测量、评估和管理，必须对其内涵进行界定。

国内外学者的绩效观主要有四种，即"结果论"、"行为论"、"综合论"和"胜任力说"[16]。"结果论"认为绩效是结果，即在特定的时间范围内，特定工作职能或活动中产出的成绩记录。对于绩效管理者来说，采用以结果为核心的方法较为可取，因为它是从顾客的角度出发，而且将个人的努力与组织的目标联系在一起。以结果评价绩效的方法不仅应用到企业管理中，日常生活中也很常见，如高考录取时只看结果—成绩，而不论学生是怎样得到这个成绩的。"行为论"提出绩效是行为，它是人们实际能观察得到的行为表现，只包括一套与组织或组织单位的目标相互关联的行为或行动[17]。尽管绩效是行为，但并非所有的行为都是绩效，只有那些与有助于实现目标的行为才称之为绩效。"综合论"认为绩效应包括行为和结果两个方面，这一观点在学者 Brumbrach 给绩效下的定义中得到很好的体现，即"绩效是行为和结果的综合体"。行为由从事工作的人表现出来，将工作任务付诸实施。行为不仅仅是结果的工具，行为本身也是结果，是为完成工作任务所付出的脑力和体力的结果，并且能与结果分开进行判断。这一定义告诉我们，当对绩效进行评价和管理时，既要考虑投入（行为），也要考虑产出（结果）。"胜任力说"强调人的胜任力或竞争力是绩效的关键驱动因素，员工以一定的胜任力特质出发，以组织目标为导向，通过既定或可变的行为，达到既定的结果。尽管胜任力对绩效的影响程度还存在争议，但这一观点反应了当今学者对绩效的深入研究与思考。

1.4.1.2 绩效评估与绩效评价①

在弄清什么是绩效评估与绩效评价之前，我们首先认识一下"评估"与"评价"。评估与评价本质上都是一个判断和处理过程，指依据某种目标、标准、技术或手段，对收到的信息，按照一定的程序，进行分析、研究、判断其效果和价值的一种活动。从字面上理解，评估似乎是在判定之外还有估计之意，而评价是评判价值的缩略语，评估是确定性弱的，评价是确定性强的。事实上未必如此，将价值判断用于广泛的社会领域，价值的定义必然是广泛的，其判断不可能是很确定的，必定有较强的估计性质。因此，从确定程度上二者没有什么原则的区别，都是针对某一特定对象的标准（质量、特征、价值）而作出的一个评判的过程及其结果。然而，评估与评价在实际运用中存在着细微的差别，评估常与实务相结合，例如项目评估、资产评估、价值评估等；评价则常与理论探讨相匹配，特别是方法论研究中，例如评价指标、评价指标体系、评价公式等。

综上所述，评估与评价没有本质的区别，只是在运用习惯上存在细微地差别，因此，绩效评估也可以成为绩效评价，它既是一项复杂的统计活动，也是一个定量思维的过程。将绩效评估应用到供水管理领域，我们称之为供水绩效评估。供水绩效评估可以概括为运用数理统计和运筹学的方法，利用适当的绩效指标体系，对照统一的评估标准，按照一定的评估程序，通过定量、定性对比和评估，对供水企业一定经营时期的经营效益和经营者业绩，做出客观、公正和准确的综合分析和判断，有助于针对性地持续改进和提升供水企业或行业绩效。

---

① 本书中评价、评估为同义语，根据使用语境在具体的上下文中选择使用。

1.4.1.3 绩效管理与绩效评估

绩效管理始于绩效评估，是在对绩效评估进行改进和发展的基础上逐渐形成和发展起来的。20 世纪 50 年代之前，绩效管理还仅局限于绩效评估的范畴。1954 年，美国管理学家彼得·德鲁克（Peter Drucker）提出了目标管理的思想，之后被广泛应用。20 世纪 80 年代之后，"绩效评估" 才正式发展成为绩效管理。

一般而言，绩效管理是指为实现企业的战略目标，通过管理人员和员工持续地沟通，经过绩效计划、绩效实施、绩效评估和绩效反馈四个环节的不断循环，持续地改善组织和员工绩效，进而提高整个企业绩效的管理过程。这就是企业管理的核心思想，基于这一思想形成的绩效管理模型，见图 1-1。设立绩效目标是管理者与被管理者之间需要在对被管理者的绩效期望上达成共识；绩效实施与跟踪是管理者对评估者的工作进行指导和监督，对发现的问题及时予以解决，并对绩效计划进行调整；绩效评估是根据制定好的绩效计划，对组织目标完成情况进行评估；最后是绩效指导与反馈，即管理者向被管理者反馈绩效评估的结果，并共同讨论绩效进一步改进事宜。另外，在整个绩效管理工作开展之前，要根据评估内容设计关键绩效指标，制定详尽的评估标准，这是开展绩效管理工作的基础。

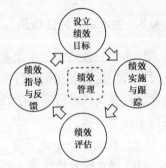

图 1-1　绩效管理模型图

绩效管理与绩效评估之间到底存在什么样的关系呢？二者既有联系又有区别。绩效评估是绩效管理过程中一个相对独立的阶段，简单地说就是根据绩效指标和评估标准对企业、组织和个人的业绩进行打分的过程。这一过程属于事后评价，侧重于判断和评估，通常与它们的背景信息相脱离，如地理环境因素、战略目标等。正是由于绩效评估存在一定的不足，促进了绩效管理的产生和发展。绩效管理则是持续改进的循环过程，它包括绩效计划、绩效实施、绩效评估、绩效反馈四个环节，它随着企业的变化而发展，它既考量过去又着眼于未来。此外，要真正实现由绩效评估到绩效管理的转变，必须注意到几个绩效管理要素：一是利益相关者必须纳入政策和目标中；二是绩效评估必须基于产出和结果两方面；三是数据源必须适合评估方法；四是数据必须采用系统的方法进行采集或收集，且对不同的采集者应区分权限；五是数据应被用于评估和提高；六是数据的收集自始至终都应当保证质量。

1.4.2　供水绩效评估内容

供水绩效评估是指运用数理统计和运筹学的方法，利用适当的绩效指标体系，对照统一的评估标准，按照一定的评估程序，通过定量、定性对比和评估，对供水企业一定经营时期的经营效益和经营者业绩，做出客观、公正和准确的综合判断。简单地说，供水绩效评估是利用适当的指标，将供水企业业绩转化为易懂信息的过程，是企业内部从数据采集、分析、评估、报告，到内外沟通供水绩效的一项程序和工具。

供水绩效评估包括了筛选供水绩效指标、构建供水绩效指标体系，收集相关数据，数据统计、分析和验证，定量评估、专家定性评估和补充评估，供水绩效评估报告的撰写等主要过程，评估采用的供水绩效基准值和评估方法是实施绩效评估的重要基础，通过评估判断企业的管理水平和改进方向是绩效评估的关键。

1.4.3　供水绩效评估作用

供水绩效评估为供水企业提供一个以绩效指标为基础的管理工具，是供水企业投资者、运营者和供水行业监管部门进行管理决策所必需的有力工具，供水绩效评估对提高供水行业科学管理、运行效率和经营效益具有重要作用，主要体现在以下几个方面：

（1）提高供水企业绩效

这是供水绩效评估最大的好处，通过绩效评估可以使企业经营者、投资方和政府部门了解供水企业（单位）或行业的运行状况、管理水平，及时发现问题并采取改进措施，从而进一步提高供水企业或行业的运行效率和经济效益，实现供水绩效的不断提升和管理水平的逐步改善。

（2）获得利益相关方信任

供水绩效评估是一套系统科学的评估方法，能够提供经得起科学验证的评估过程及数据资料，并以此取得利益相关方的信任，在满足政府要求与公众需求的基础上树立良好的企业形象。

（3）增加沟通效率和效能

供水绩效评估将复杂的数据资料和评估过程转换成简单易懂的信息，便于消费者理解。

供水绩效评估是以一套已建立共识的指标体系和评估方法为基础，使所有利益相关方对供水企业管理有一个共同的评判标准，并以此套指标和标准作为评估管理成效的依据。这样可以减少内部、内外部沟通所浪费的资源，也可以使不同利益相关方能针对解决共同的供水问题而努力。

（4）辅助政府行业监管

为政府行业监管部门对企业运营绩效和实际服务效果的监督和管理提供一个相同的基础，确定制约供水企业绩效提升的因素，找出可能的改进措施。

为政府部门提供一个监管公共服务类企业的有力工具，帮助政府监督合同条款的执行情况，保障消费者的权益。绩效评估的结果将为政府制定政策，引导行业进步提供依据。保障消费者的利益，评估企业绩效并建立标准，以及监管合同条款的履行情况。

（5）提供水价制定依据

制定科学的水价需要对供水成本的合理性进行有效监管。政府监管部门可以借此掌握供水企业的真实成本、合理成本，通过比较供水绩效向供水企业施加压力促进其提高效率，避免以成本为计价基础而维持较高成本定价的缺陷，为政府制定合理水价提供科学的基础性依据。

（6）提供市场准入标准

通过企业之间的横向比较反映企业之间的绩效差距（即标杆管理），识别出优劣企业，参照绩效比较结果设定市场准入条件，不但可以为城市供水特许经营制度的市场准入提供量化的标准，而且可以逐步实现供水企业的整合和市场资源的合理配置。

1.4.4 供水绩效评估意义

供水绩效评估与管理将投资、运营、监督、消费者联系在一起，对供水企业、供水行业以及相关政府部门的管理能力均有积极的意义，主要体现在以下几个方面：

（1）通过城市供水绩效评估管理设置的考核及激励机制，促进企业不断提高生产效率、不断改进服务质量，引导企业进步与自律。

（2）推动信息公开透明，有利于供水企业的股东和政府进一步了解企业的真实绩效。

（3）提高供水行业的整体水平，例如供水水质的安全性进一步提高，以及用户的满意度得到提升，进而促进整个供水行业的良性发展。

（4）由于消费者是城市供水行业的最终消费者，开展绩效评估管理工作有利于保障消费者的权益、维护消费者的健康。

第2章　供水绩效指标体系

绩效指标体系是一个多维模型，它从多个视角和不同层次上反映了特定评价客体（又称"评价对象"）的规模与水平。绩效指标体系是联系评价主体与评价客体的纽带，也是联系评价方法与评价对象的桥梁[18,19]。构建科学合理的绩效指标体系是绩效评估和绩效管理的第一步，是得出科学、合理和公正的评估结论的基础和前提，是绩效评估持续有效推进的保障。

绩效指标体系是一个具有统计性质和评估功能的体系，体系中每个绩效指标都相当于一个系统元素，各元素之间的相互关系则是体系结构框架。因此，构建绩效指标体系包括体系框架和系统元素两方面的内容，即搭建绩效指标体系框架和选取绩效指标。

2.1　指标体系框架

最简单的绩效指标体系结构是双层结构，即只有目标层和指标层。就指标而言，这种双层结构相当于没有对指标体系进行层次划分，也不利于未来开展绩效综合评价和全国范围内的绩效横向比较。稍微复杂的指标体系一般表现为三层结构，即总目标层、目标层和指标层；复杂的指标体系一般分为四层结构，即总目标层、目标层、要素层和指标层。

供水行业绩效评价往往受到企业经营方式、市场体制、消费者观念、社会因素以及外界环境等因素的影响，每一个评价领域都需要通过多个指标或多级指标来衡量。随着绩效评估和管理的发展和完善，将来有可能开展区域性或全国性的绩效综合评估和横向比较。因此，选择四层次菜单式框架结构作为城市供水绩效指标体系框架，如图2-1所示。

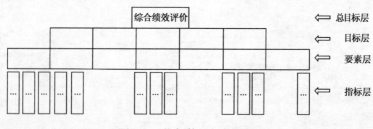

图 2-1　指标体系框架结构

构建多层次菜单式指标体系框架结构最常用的方法是层次分析法（Analytic Hierarchy Process，AHP）。AHP 是美国著名的运筹学家 T. L. Satty 等人在 20 世纪 70 年代提出的一种定性与定量分析相结合的多准则决策方法。它是拟定的抽象或含糊其词的决策问题按逻辑分类向下展开为若干个评价目标，再把各个评价目标分别向下展开为子目标或管理策略，依次类推，直到可定量或可进行定性分析（指标层）为止。

AHP 既是构建指标体系框架的一种方法，同时也是指标选取和权重划分的一种有效方法。层次分析法（AHP 法）如图 2-2 所示。

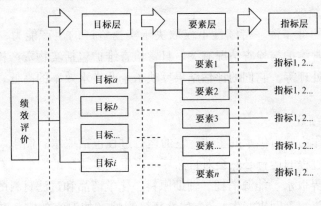

图 2-2　AHP 法流程图

2.1.1　目标层搭建

总目标层是为未来全面实施综合绩效评估设立的层次，便于区域性或全国性绩效排序。目标层是总目标的分解，体现了综合绩效评估的不同侧面。目标层的设置有助于理解某类或某个指标的用途以及指标的使用者。目标层中的每个目标既需要是高标准的，又需要是切实可行的，最重要的是必须反映供水企业或行业的使命或长远规划。

《中国城市供水行业技术进步 2010 年规划及 2020 年远景目标》规定了我国供水行业未来十年内需要达到的四大目标，即"保障供水安全、提高供水水质、优化供水成本、改善供水服务"[20]。立足于上述四大远景目标，基于城市可持续发展理论（Sustainable Development）、循环经济理论[21]（Circule Economy）、低碳经济理论[22]（Low–Carbon Economy），借鉴国际上普遍应用的供水行业绩效评估分类，将我国城市供水绩效指标体系评估领域划分为六大类，即服务（Service）、运行（Operational）、资源（Water Resource）、资产（Physical Asset）、财经（Economic and Finacial）和人事（Human Resources）。

（1）服务绩效

改善供水服务是我国城市供水行业发展的重要目标之一，《生活饮用水卫生标准》GB 5749-2006，对于水厂出水和管网水水质提出了明确的要求，《全国城镇供水设施改造与建设十二五规划及 2020 年远景目标》和《供水行业 2010 年技术进步规划及 2020 年远景目标》对于保证供水水量、水压、客户服务提出了要求。建立服务绩效的评估，有利于建立公众参与监督，有利于落实国家标准与行业规划。

（2）运行绩效

城市供水的可靠性、持续性不仅取决于实物资产的生产能力，还与供水设施、设备的日常维护与检查情况有关。日常检查维护包括实物资产检查、仪器仪表校准、故障处理等，它们的评估结果反映了企业供水效率的高低、监控计划的执行情况。

（3）资源绩效

供水企业作为城市供水的主体，它的运行过程包括取水、制水、输水和销售等过程，这些过程的运行必然会对自然环境产生或多或少的影响，有局部环境影响（如从自然界取水、能源消耗、辅助原料、化学药品和过滤材料的消耗、废料废渣和污泥处置、管网水漏失）、全球性环境影响（如温室效应、酸雨）或受外部环境的影响（如地震、地面塌陷等地质情况）、工程施工、人为偷盗破坏、自然腐蚀等人为与自然因素。供水企业运行目标应是使其对环境的影响维持最低，在运行管理、环境影响和自然保护之间寻求可持续的平衡。城市供水企业或行业的资源绩效评估是建立这一平衡的重要依据。

（4）资产绩效

实物资产主要指水处理构筑物、调节构筑物、泵站、输配水管网、自动化设备等。大多数城市存在供水生产能力过剩、管网更新、替换与城市化发展不匹配等问题。另外，实物资产又具有明显的沉淀性，因此对这些设施和设备的使用效果及生产能力评估就显得尤为重要。

（5）财经绩效

城市供水具有自然垄断性、成本沉淀性和社会公益性。在过去相当一段时间内，城市供水系统的建设与运营费用依靠政府财政拨款，普遍存在生产效率低下、经营成本较高、经营亏损严重、产销差居高不下等问题。近年来，尽管水价有所上调，但大多数供水企业仍然难以扭转财务亏损的趋势。从企业自身出发，需要了解其经营成本与收入情况、盈利能力和经济效益。从社会角度出发，需要评价供水企业或整个供水行业对国民经济的贡献。因此需要对城市供水企业的财务绩效水平进行评估。

（6）人事绩效

劳动者、劳动对象、劳动资料三要素构成生产力，其中人的要素在三要素中占有特殊的重要位置。当前我国城市供水正处于由以"水量为中心"向以"水质为中心"的转变过程中，经过十多年的快速发展，供水行业已从传统的劳动密集型行业迅速转变为技术密集型行业。这对供水企业管理、供水设施操作、维护和维修人员的需求也越来越高。供水企业或行业面对这一挑战就需要考核员工的知识更新、继续教育水平，员工整体文化水平以及员工工作效率等情况。

综上所述，服务绩效评估保障了用户接受优质服务的权利，体现了供水企业的社会效益；环境绩效评估反映了供水企业的环保责任和环境效益；而对人事、财经、资产和运行等绩效的评估体现了供水企业的经济效益；此外，城市供水绩效评价还受到社会环境的影响，如国家或地方法律、法规和政策，环保、人口、经济等因素。各评价领域相关关系如图 2-3 所示[23]。

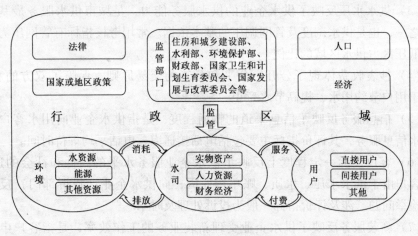

图 2-3 城市供水绩效评估与社会环境关系

2.1.2 要素层搭建

要素层是目标层的进一步细化分解，目的是更加清晰。越是复杂的绩效评价指标体系，这种层层的细分解就显得越为重要。例如，目标层中的服务绩效，还可以细分为"投诉处理类"、"客户满意"和"供水普及类"等。划分要素层"类"的方法通常有功能聚合法和相关度聚合法。功能聚合法是指将评价同一个侧面或同一目标的要素或指标放在一个"类"，而将不同的归为其他"类"，这是绩效指标体系结构设计最基本的要求。相关度聚合法是指将彼此相关程度或相似程度较高的指标放在同一个模块中，而将不太相似的指标放在其他类别之中，相关度聚合法必须以大量指标数据为支撑，它适用于指标体系优化阶段。在绩效指标体系初步构建阶段，要素层的确定主要以功能聚合法为主。

1. 服务类绩效

供水服务是供水企业为满足用户用水的需要而进行的供水以及客户在新装、抄表收费、售后服务、投诉处理等过程中接触的活动[24]。具体包括供水普及率、供水水质和水压、抄表收费、信息服务、投诉、新装服务、客户满意等方面。

（1）供水普及率（又称供水覆盖率）是一个反映城市发展的指标。通常采用城市中获得供水服务的人口（用户、建筑物数量）占城市总人口（用户、建筑物数量）的比例来衡量。

（2）供水水质直接关系到用户的身体健康、生命安全乃至社会稳定。因此，保证居民饮用洁净合格的自来水是供水企业服务的根本宗旨，也是政府监管部门对供水企业绩效监管的核心内容之一。常用水质监控指标有水质综合合格率、出厂水检验项目合格率、国家水质标准（GB 5749-2006）合格率等[25,26]。

（3）供水水压反映了供水企业的供水服务能力，是城市供水服务最基本的要求之一，也是供水调度及管网调压的基本依据。常用考核指标有管网压力合格率、低压区占供水区域的比例。

（4）抄表收费体现了公开、公平和公正的交易原则，保障了双方的利益，有助于用户节约用水，提高节水意识。

（5）信息服务反映了信息渠道的畅通程度，是指供水企业向用水客户提供的供水信息服务，其评价指标主要包括电话接通率、电话平均等待时间。

（6）客户投诉一定程度上反映了供水企业服务水平的高低和社会的进步，是指客户由于供水水压、水质、账单等原因，向供水企业（投诉部门）反应情况或检举问题。涉及评价指标一般为投诉处理及时率。

（7）新装服务反映了供水企业受理新装业务的工作效率，是指客户申请的新装自来水服务，考核内容包括申请受理、勘察设计和管道、水表的安装时间。

（8）客户满意度间接反映了供水企业的综合服务质量，是指客户针对供水水质、水压、抄表缴费、热线服务等情况给予的满意程度测评。客户满意是企业的终极追求，也是企业绩效管理的重中之重，甚至可以说是企业的使命所在。

2. 资源类绩效

资源类绩效指标用于评价企业受外界和对外界环境的影响情况，有助于提高水资源治理、利用和降低供水成本。如水资源、化学药品、燃料能源的消耗，废水排放和污泥处理等。

（1）水资源消耗是指在取水、制水、供水过程中，供水企业对水资源利用程度，评价指标有管网漏损量、自用水率等。面对我国水资源匮乏，水源水质和水环境不断恶化，需水量、制水成本和水资源费逐年提高的现状，它的评价与比较有助提高水资源利用率和降低供水成本。

（2）能源消耗主要是指泵站的电耗。供水企业的电耗成本一般占总制水成本的20%~30%以上，目前我国提倡节能减排，虽采用了一些节能技术措施，但电耗大一直是困扰供水企业的一个难题。为了实现以低能耗、低污染、低排放为目标的绿色经济发展模式，能源利用效率评价尤为重要。

（3）净水厂污泥处理和废水排放反映了供水企业（单位）对自然水体的污染和综合利用情况。通常采用回用水利用率来衡量。

3. 资产类绩效

资产类绩效是评价供水设施、设备的使用效果，供水企业的生产能力，主要体现在处理构筑物、调节构筑物、输配水管网等方面。

（1）处理构筑物是指制水过程中的关键工艺构筑物，是水厂生产能力的体现，全国平均有50%的生产能力过剩，这反映了供水规划实践经验的不足。

（2）调节构筑物是指原水池、清水池、水塔等调节水量的构筑物，它们的存储容量间接反映了供水系统的持续供水能力。

（3）输配水管网评价指标有阀门密度、消火栓密度、管道新建率、管道改造率等，这些指标间接反映管网的输配水性能。供水管网的更新和改造比例占到未来投资的70%，因此合理的投资规划能够节省大量资金。

4. 运行类绩效

供水系统的可靠运行和检查维护决定了供水企业供水效率的高低和持续供水能力。管理者需要监控计划的执行情况，以便了解检查、预防性维护和设施更新的情况，以及系统故障引起的事件。具体包括故障处理、资产维护、仪器仪表校准等方面。

（1）故障处理通常包括管网爆管、电力故障等情况。

（2）资产维护主要涉及水泵检查率、清水池清洗率和漏损控制等指标。

（3）仪器仪表校准是获取可靠监控数据的保障，通常采用各种仪器或仪表的检查频率来评价。

5. 财经绩效

财务效益主要表现为水费收入；财务支出（费用）主要表现为供水项目的总投资、经营成本和税金[27]。因此财经评价主要体现在收入、成本、账单处理、效益等方面。

（1）水费是供水企业主要财务收益，它也反映了用户支付能力，通常采用平均水费、水费回收率来评价。

（2）效益由收入和成本两个方面来衡量，反映了供水企业（单位）的运营成本与收入的关系。

　　6. 人事绩效

　　人事指标主要用于评估人力资源的有效性、人才结构、人才培养和增加员工的健康、素质及安全等情况。

　　（1）人力资源的有效性通常采用员工效率来衡量，即单位供水量或单位服务人口所配备的员工数量。

　　（2）人才结构通常采用员工学历或技术等级来衡量，即拥有一定学历或职业技术资格的员工比例来评价。

　　（3）人才培养通常采用人均培训时间来评价。

2.2　绩效评价指标

　　如前所述，目前国外绩效指标体系的研究已趋于成熟，很多指标都是"现成的"。因此结合现有文献，根据供水绩效评价要素分类，按照指标选取原则和选取方法进行绩效指标的"筛选"和"优化"。

2.2.1　指标筛选原则

　　一般情况下，指标的选取或创建均遵循以下原则[23,28,29,30]。

　　（1）从绩效指标体系角度来说应满足：

　　1）目的性原则，即供水绩效指标体系必须是目标导向性的，需要紧紧围绕评价目标层层展开，使最后评价结论准确反映评价意图。

　　2）全面性原则，即供水绩效指标体系必须全面地反映被评价问题的各个侧面，避免"扬长避短"。

　　3）精炼性原则，即供水绩效指标体系所包含的指标宜少不宜多，宜简不宜繁。不仅可以减少评价的时间和成本，而且有助于绩效评价的开展实施。

　　4）层次性原则，即供水绩效指标体系必须具有合理的层次性，为进一步分析要素与指标的对应关系创造条件。

　　5）可比性原则，即供水绩效指标体系必须对每一个评价对象是公平可比的。不仅可以国内比较，还要方便与国际水平进行比较[31]。

　　（2）从绩效指标角度来说除了满足目的性、可比性以外，还须满足：

　　1）科学性原则，以量化的形式能恰当地反映研究对象某方面的特性，以便于对供水行业作出客观的评价，避免任何人为或主观的影响。

　　2）可测性原则，符合客观实际、有比较稳定的数据来源，其数据来源易于获取、统计流程规范、统计口径一致，尽可能具有通用性，即测评方法或使用于大多数供水企业。

3）独立性原则，内涵比较清晰、绩效指标之间相对独立，即同一层次的各指标应尽量不相互重叠，指标相互间尽量不存在因果关系。

2.2.2 指标筛选流程

指标筛选分为初步选取、优化筛选两个阶段。初步选取阶段主要采用频度统计法，即查阅、分析、整理国内外关于供水绩效管理和绩效指标体系的相关文献，统计其采用绩效指标频度，保留使用频度较高的绩效指标。该方法的特点是完全基于指标出现频度进行选取，满足客观性、科学性要求，避免了主观因素的影响。优化筛选阶段在初步提出供水绩效指标体系的基础上，依次通过数据采集验证可测性、咨询专家分析指标重要性、统计学分析绩效指标的可比性和独立性，最后确定绩效指标集。绩效指标筛选实施流程见图2-4。

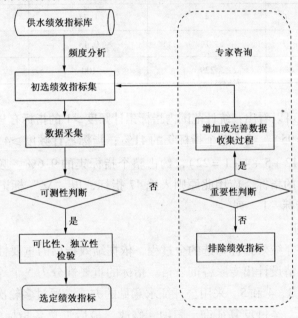

图2-4 绩效指标筛选流程图

1. 频度统计

通过整理 IWA、WBG、ISO/TC 24510、ISO/TC 24512、OFWAT、澳大利亚、葡萄牙、荷兰、韩国以及我国的供水绩效指标，得到总共229个绩效指标，在此定义为供水绩效指标库。其中，我国供水绩效指标主要来自中国供水排水协会统计年鉴、中国城市建设统计年鉴、城市建设统计指标解释等相关文献。频度统计情况见附录 B 中各表格的"频度"一列。按照指标含义或计算公式相近，频度就加 1 的频度累计原则，运用 SPSS 17.0 对城市供水绩效指标库中各绩效指标进行频度分析，得指标出现频度的统计分布情况，见表 2-1。

指标频度统计分布表　　　　　　　　表 2-1

项　　目		指标数（个）	百分比（%）	累计百分比（%）
出现频度（次）	1	134	58.70	58.70
	2	48	20.87	79.57
	3	25	10.87	90.43
	4	12	5.22	95.65
	5	5	2.17	97.83
	6	4	1.74	99.57
	7	1	0.43	100.00
总　　计		229	100	

从表 2-1 中可以看出：统计范围内指标累计频度 >1 的指标有 95 个（即表 2-1 中的 229 - 134 = 95），约占整个指标集的 41%；指标累计频度 ≥4 的指标有 22 个（即表 2-1 中的 12 + 5 + 4 + 1 = 22），约占整个指标集的 9.6%。频度统计分析后淘汰频度小于 3 的指标，应用此原则入选 47 指标，以"√"标记，见附录 B 中各表格的"准指标 - 1"列。

2. 专家咨询

专家咨询贯穿绩效指标筛选的全过程，依据绩效指标的重要性并兼顾均衡分布，按照我国国情设计出专家咨询表格。指标的重要性分为 5 个等级，即等级分值依次为 1、2、3、4 和 5。采用公开征求意见的方式，通过多轮次组织专家对所选指标进行讨论，经过反复征询、归纳、修改，最后汇总各指标的重要性分值，在频度统计和专家咨询中得分均在 3 分以上则为选入指标，应用此原则入选指标 43 个，以"√"标记。具体见附录 B 中各表格的"准指标 - 2"列。这种方法具有广泛的代表性，较为可靠，同时避免漏掉频度低但十分有价值的指标。

3. 数据采集

由于绩效指标是经过定量的基础数据的数学运算而得，因此绩效指标的可测性判断就是分析用于计算绩效指标的基础数据是否可以有效及时地采集或获取。为了获取分析第一手真实基础数据，绩效课题研究组针对绩效指标所需的基础数据设计了数据采集调研表，并在 6 个典型示范供水企业组织开展了数据调研采集工作。为了判断整个供水行业基础数据可采集情况，我们引用了"中国北方城市水业关键问题研究"课题中 11 个城市供水企业的 2003 年的调研数据（以下称"报告数据"），分析和整理了中国供水排水协会 2010 年 8 月 31 日编纂的统计年鉴数据（以下称"年鉴数据"），并将其与供水绩效评估系统中所需基础数据进行了对照比较。基础数据来源分布见图 2-5。

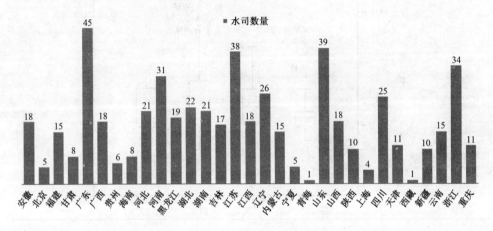

图 2-5　基础数据来源分布图

（1）年鉴数据分析

水协年鉴数据是目前汇集我国城市供水行业指标数据较全、涵盖范围较广的行业数据资料，是反映我国城市供水行业发展水平的宝贵资料，为各级政府主管部门和供水企业决策参考提供了有力的信息依据与服务支持。在编纂过程中，各城市供水企业及各地方水协作了大量工作，但是由于各地在填报过程中对于指标定义理解不一致，对于数据采集方法不统一，并在统计过程中缺乏有效的校验手段，在很大程度上影响了该省、自治区和城市供水行业基础数据整体资料的完整性和准确性。以国务院批准的 2009 年底 654 个建制市为对象，编入《年鉴》的中国供水排水协会 683 组数据（一个供水企业视为一组数据）为例，多处出现分项数据与总和数据的关系混乱、逻辑错误、单位不统一、格式不一致、部分数据缺失等问题。

（2）年鉴数据整理

为保证年鉴数据的有效性需要对其进行预处理。预处理步骤概括如下：水协年鉴最初一共 683 组数据，针对数据分项之和不等于总项，数据之间的逻辑关系错误等问题一共剔除 74 组，通过运用四分位数、四分位距、离散值和极值等统计学理论和绘制箱型图剔除了 74 组数据，例如产销差率的分析箱型图见图 2-6。最后得到一个包含 535 组有效次级数据总体，其数据样本遍布于全国 31 个省市，见图 2-5。

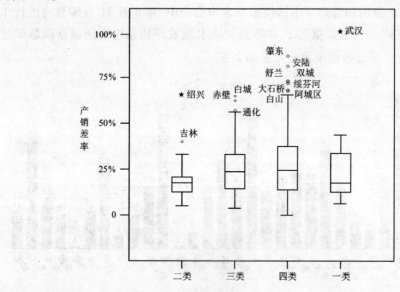

图 2-6 箱型图剔除数据举例

（3）年鉴数据分类

为简化数据处理难度和满足数据统计学检验的有效性，需要对数据样本进行分类处理。根据企业供水能力的不同对 535 组数据样本进行分类，得出三类企业（供水能力 10 万 ~ 50 万 m^3/d）和四类企业（供水能力 ≤10 万 m^3/d）所占比重最大，分别为 42% 和 47%，而一类企业（供水能力 ≥100 万 m^3/d）和二类企业（供水能力 50 万 ~ 100 万 m^3/d）各占 6% 和 5%。基于三类供水企业所占比重较大且具有较好的代表性，以下可测性判断、可比性检验和独立性检验均以三类供水企业的数据为分析样本。

4. 可测性判断

可测性检验就是分析单项指标能否准确、及时地获取，通常采用现场原始资料调研和搜集已加工、整理过的次级资料的方式进行检验。如果某项绩效指标依据我国现有的水平不能获取，并且又不重要则应舍去。

通过分析 6 家示范供水企业调研数据、"中国北方城市水业关键问题研究"课题调研数据和水协数据，仅有 40% 的基础数据可以获得，可计算出准绩效指标体系中的 29 个准绩效指标（约占准绩效指标总数的 54%）和 12 个非准绩效指标，均以"√"标记。具体见附录 B 中各表格的"准指标 - 4"列，其中 29

个可测准绩效指标的汇总见表2-2。

可测性绩效指标样本统计　　　　　　　表2-2

编号	绩效指标	单 位	样本数	样本主要来源	备 注
1	水质综合合格率	%	205	年鉴数据	含示范供水企业
2	管网水余氯合格率	%	217	年鉴数据	含示范供水企业
3	管网水嗅和味合格率	%	172	年鉴数据	含示范供水企业
4	管网水浑浊度合格率	%	217	年鉴数据	含示范供水企业
5	管网水色度合格率	%	172	年鉴数据	含示范供水企业
6	管网水总大肠菌数合格率	%	217	年鉴数据	含示范供水企业
7	管网水菌落总数合格率	%	215	年鉴数据	含示范供水企业
8	管网水 COD_{Mn} 合格率	%	164	年鉴数据	含示范供水企业
9	管网压力合格率	%	212	年鉴数据	含示范供水企业
10	生产能力利用率	%	222	年鉴数据	含示范供水企业
11	产销差率	%	222	年鉴数据	含示范供水企业
12	供水管网漏损率	%	207	年鉴数据	含示范供水企业
13	用水人口普及率	%	209	年鉴数据	含示范供水企业
14	供水管网输水能力	$m^3/(km \cdot d)$	414	年鉴数据	含示范供水企业
15	单位供水管长员工数	人/100km	210	年鉴数据	含示范供水企业
16	单位供水量员工数	人/(万 $m^3 \cdot d$)	222	年鉴数据	含示范供水企业
17	单位制水电耗	$kWh/(m^3 \cdot d)$	220	年鉴数据	含示范供水企业
18	单位员工服务人口数	万人/人	216	年鉴数据	含示范供水企业
19	单位员工服务用户	户/人	213	年鉴数据	含示范供水企业
20	单位制水消毒剂耗量	$kg/(万 m^3 \cdot d)$	201	年鉴数据	含示范供水企业
21	单位制水净水剂耗量	$kg/(万 m^3 \cdot d)$	171	年鉴数据	含示范供水企业
22	收入成本比例	%	215	年鉴数据	含示范供水企业
23	标准化能耗	$kWh/(m \cdot m^3)$	141	年鉴数据	含示范供水企业

续表

编号	绩效指标	单　位	样本数	样本主要来源	备　注
24	计量售水率	%	10	报告数据	
25	单位管长爆管次数	次／（km·d）	10	报告数据	
26	客户投诉率	次／（千户·d）	7	报告数据	
27	管道铺设率	%	6	报告数据	
28	大学学历员工比例	%	10	报告数据	
29	管网修漏及时率	%	4	示范供水企业	

5. 可比性检验

可比性检验就是分析多个评价对象关于某项指标取值的区分度检验。容易看出，如果多个被评价对象关于某个单项指标的取值比较接近，那么尽管这个指标权重比较大，但对于这些评价对象的评价得分来说，它的作用几乎为零[32]。可比性检验通常采用的方法有专家调研法、最小均方差法和变异系数法。

（1）专家调研法

专家调研法是一种向行业专家发函、征求意见的调研方法。通常在缺少详细数据支撑时采用，该方法主观性较强。

（2）最小均方差法

单项指标值的样本均方差又叫样本标准差，它反映了单项指标值相对于平均值的离散程度。如果某个指标值的均方差接近于 0，则认为该评价指标值没有区分度，应予以删除。其计算公式如式（2-1）所示。

$$S_{ij} = \sqrt{\frac{1}{n-1}\sum_{i=1}^{n}\left(x_{ij} - \frac{1}{n}\sum_{i=1}^{n}x_{ij}\right)^2} \tag{2-1}$$

式中　S_{ij}——指标变量 x_j 的均方差；

　　　n——被评价对象的个数；

　　　x_{ij}——第 i 个评价对象中第 j 个指标；

　　i, j——分别为被评价对象和指标的序号。

（3）变异系数法

变异系数（Coefficient of Variance，CV）又叫标准差率，它的基本原理是：在绩效指标体系中，指标样本值的差异越小，表明其评价信息的分辨能力越差，同时也表明该指标的绩效目标比较容易实现。因此，变异系数法既是绩效指标可比性检验的方法，也是一种客观性权重分配方法。CV 计算公式如式（2-2）所示。

$$\nu_j = \frac{S_j}{\dfrac{1}{n}\displaystyle\sum_{i=1}^{n} x_{ij}} \qquad (2\text{-}2)$$

式中　ν_j——指标变量 x_j 的变异系数；

　　　　n——被评价对象的个数；

　　i,j——分别为被评价对象和指标的序号。

综上所述，可比性检验的方法有专家调研法、最小均方差法和变异系数法。由于待检验的指标数量大、设计范围广而且多数指标为第一次提出，所以采用专家调研法进行可比性检验受到限制；最小均方差法边界条件的确定通常受到单位和数量级的影响，在此应用也受限制。而变异系数法是一种不受指标数据单位影响的常用可比性检验方法，因此通常选用变异系数法来进行指标的可比性检验。样本数量少的指标不具普遍有代表性，因此只计算表2-2中前23项指标的变异系数，计算结果见表2-3。

从表2-3中可以看出，9项绩效指标的变异系数≤0.1，不具有可比性，例如管网压力合格率和各水质参数合格率。但考虑到个别指标能反映当前我国供水事业在水质、水压保障方面做出的努力，仍然保留。保留和调整指标16个，均以"√"标记，具体见附录B中各表格的"准指标-5"列。

绩效指标变异系数　　　　　　　　　表2-3

编号	绩效指标	样本数	最小值	最大值	均值	标准差	变异系数	备注
	PI	N	Min	Max	MV	SD	CV	
1	水质综合合格率	196	95.76	100.00	99.59	0.73	0.01	≤0.1
2	管网水余氯合格率	208	91.00	100.00	99.42	1.27	0.01	≤0.1
3	管网水嗅和味合格率	164		100.00	99.32	7.81	0.08	≤0.1
4	管网水浑浊度合格率	208	86.00	100.00	99.31	1.69	0.02	≤0.1
5	管网水色度合格率	164		100.00	99.28	7.81	0.08	≤0.1
6	管网水总大肠菌数合格率	208	91.50	100.00	99.91	0.63	0.01	≤0.1
7	管网水菌落总数合格率	206	96.88	100.00	99.87	0.45	0.00	≤0.1
8	管网水 COD_{Mn} 合格率	156	0.26	100.00	98.73	8.51	0.09	≤0.1
9	管网压力合格率	203	79.20	100.00	98.74	3.02	0.03	≤0.1
10	生产能力利用率	213	0.10	1.21	0.65	0.21	0.33	

续表

编号	绩效指标	样本数	最小值	最大值	均值	标准差	变异系数	备注
	PI	N	Min	Max	MV	SD	CV	
11	产销差率	213	0.02	0.53	0.24	0.11	0.45	
12	供水管网漏损率	200	0.02	0.51	0.21	0.10	0.49	
13	用水人口普及率	200	0.37	1.41	0.93	0.13	0.13	
14	供水管网输水能力	205	41.94	1861.71	265.37	200.01	0.75	
15	单位供水管长员工数	201	9.16	754.88	117.99	102.66	0.87	
16	单位供水量员工数	213	6.29	239.38	50.39	36.59	0.73	
17	单位制水电耗	211	0.01	1.68	0.31	0.20	0.64	
18	单位员工服务人口数	207	0.02	0.56	0.11	0.07	0.66	
19	单位员工服务用户	202	0.54	954.86	178.86	155.52	0.87	
20	单位制水消毒剂耗量	195	0.01	11.95	2.01	1.45	0.72	
21	单位制水净水剂耗量	165	0.11	215.00	11.98	19.97	1.67	
22	收入成本比例	207	0.08	2606.27	17.34	181.02	10.44	
23	标准化能耗	136	0.00	452.29	125.40	80.49	0.64	

注：变异系数的临界值为 0.1。

6. 独立性检验

如前所述，绩效指标是基础数据变量的函数组合，如果两个不同的复合指标计算公式中含有同一个基础数据变量，那么这两个复合指标之间必然存在一定的相关性。独立性检验就是定量地分析各复合指标之间交叉重叠程度，避免由于指标之间的相关关系引起的重复评价[33,34]。

独立性通常采用相关系数检验，相关系数以数值的方式反映了两个复合指标线性相关的强弱程度。相关系数的绝对值愈接近 1，表明变量之间的线性相关程度愈高；相关系数绝对值愈接近 0，表明变量之间的线性相关程度愈低。相关系数为 0 时，表明变量之间不存在线性相关关系。相关分析是处理变量与变量之间关系的一种统计方法[35]。一般情况下采用简单相关分析和偏相关分析相结合的方法。

（1）简单相关分析

简单相关分析就是计算两变量之间相关系数，简单相关系数计算见式（2-3）。

$$r = \frac{\text{cov}\ (X,\ Y)}{\sqrt{D\ (X)\ \cdot D\ (Y)}} \qquad (2\text{-}3)$$

式中　　　r——指标变量 X 与 Y 的简单相关系数；

　$\text{cov}\ (X,\ Y)$ ——指标变量的 X 与 Y 的协方差；

　　$D\ (X)$ ——指标变量的 X 的方差；

　　$D\ (Y)$ ——指标变量的 Y 的方差。

（2）偏相关分析

实际中，两个指标变量之间的相关性通常受到其他指标变量的影响。偏相关分析就是排除同一体系中其他因素的影响，计算两个变量之间"净相关"性，其衡量通常采用偏相关系数。偏相关系数是在对其他变量的影响进行控制的条件下，衡量多个变量中某两个变量之间的线性相关程度的指标。用偏相关系数来描述两个指标变量之间的内在线性联系会更合理、更可靠。

存在三个指标变量情况下，排除了指标变量 3 时，指标变量 1 与 2 的偏相关系数计算公式如式（2-4）所示。

$$r_{1,2,3} = \frac{r_{1,2} - r_{1,3} \times r_{2,3}}{\sqrt{(1 - r_{1,3}{}^2)\ -\ (1 - r_{2,3}{}^2)}} \qquad (2\text{-}4)$$

式中　$r_{1,2}$——指标变量 1 与 2 的偏相关系数；

　　$r_{1,3}$——指标变量 1 与 3 的简单相关系数；

　　$r_{2,3}$——指标变量 2 与 3 的简单相关系数。

相关系数的绝对值≥0.8，表示两指标之间存在较强的线性关系；相关系数的绝对值≤0.3，表示两指标之间的线性相关性较弱[36]。分析表 2-3 中序号 10 以后的绩效指标两两之间的相关系数，得到变量相关系数矩阵，如表 2-4 所示。通过显著性水平为 0.01 时的双侧检验发现：产销差率和供水管网漏失率之间存在较强相关关系（相关系数 = 0.844）；存在一定相关关系的绩效指标有产销差率与人均日水量供需比（相关系数 = 0.596）、供水管网漏失率与人均日水量供需比（相关系数 = 0.528）、供水管网输水能力与单位供水管长员工数（相关系数 = 0.500）、单位供水管长员工数与单位供水量员工数（相关系数 = 0.671）、单位供水管长员工数与单位员工服务人口数（相关系数 = -0.503）、单位供水量员工数与单位员工服务人口数（相关系数 = -0.525）、单位员工服务人口数与单位员工服务用户（相关系数 = 0.565）、单位供水管长产销差量与单位供水管长水表数（相关系数 = 0.547）。

通过独立性检验对绩效指标作如下调整：调整供水管网漏失率为单位供水管长漏失量，删除单位员工服务人口数、单位供水管长员工数。保留和调整指标均以"√"标记，具体见附录 B 中各表格的"准指标 -6"列。

绩效指标 Pearson 相关系数矩阵

表2-4

绩效指标	1	2	3	4	5	6	7	8	9	10	11	12	13	14	15	16	17	18
1 生产能力利用率	1																	
2 产销差率	-0.035	1																
3 供水管网漏损率	-.033	.844**	1															
4 用水人口普及率	-.048	-.083	-.079	1														
5 供水管网输水能力	.208**	.108	.142	.063	1													
6 单位供水管长员工数	-.272**	.215**	.272**	-.156*	.500**	1												
7 单位供水量员工数	-.485**	.203**	.249**	-.233*	-.135	.671**	1											
8 单位制水电耗	-.146*	.052	.073	-.039	.124	.385**	.380**	1										
9 单位员工服务人口数	.197**	-.281**	-.235**	.058	-.081	-.503**	-.525**	-.277**	1									
10 单位员工服务用户	.230**	-.121	-.119	.128	-.105	-.442**	-.410**	-.264**	.565**	1								
11 单位制水消毒剂耗量	.013	-.125	-.114	-.158*	-.126	-.142	-.017	-.122	.133	.161*	1							
12 单位制水净水剂耗量	-.003	-.022	.016	-.023	-.030	-.039	-.011	-.045	.026	.049	.047	1						
	.410**	-.183**	-.194**	.042	.187**	-.177*	-.322**	-.148	.180*	.135	.040	-.038						
	-.084	.182*	.199**	-.054	.024	.222*	.233**	.283**	-.134	-.064	-.002	-.007						
	-.086	.122	.070	.127	-.057	-.027	.021	.046	-.070	-.198	-.132	-.043						
	-.010	.325**	.386**	.082	.494**	.376**	.146*	.127	-.182*	.268**	-.026	.014						
	-.063	.143	.066	-.050	-.392**	-.247*	-.049	-.011	-.096	-.001	-.087	-.035						
	.037	.596**	.528**	-.005	.147*	.169*	.085	.044	-.180*	-.085	-.181*	-.005						

30

续表

绩效指标	1	2	3	4	5	6	7	8	9	10	11	12	13	14	15	16	17	18
收入成本比例 13													1					
标准化能耗 14													-.147	1				
供水面积低压区比例 15													-.123	.109	1			
单位供水管长水表数量 16													-.026	.238**	-.089	1		
供水管网密度 17													-.145	-.217*	.001	-.198*	1	
人均日水量供需比 18													-.048	.219*	.154	.230**	.010	1

注：**．置信水平为 0.01 下的双侧检验；*．置信水平为 0.05 下的双侧检验。

2.2.3　绩效指标体系

综合 2.2.2 节对绩效指标的筛选、检验和专家咨询，初步选定了 30 个适应于现阶段我国城市供水绩效评估指标（24 个普遍性指标和 6 个参考性指标）和 13 个候补绩效指标（用于城市供水绩效评估区域性或全国性推广试验应用阶段，详细参见附录 B）。我国城市供水绩效指标体系框架图不包括候补指标，如图 2-7 所示。绩效指标详细内容参见"第 3 章　绩效评价指标"。

1. 服务类绩效指标

（1）电话接通率：当前我国供水企业几乎都拥有供水服务热线，该指标在国际上应用较少，但专家咨询分析认为该指标比较重要，且十分符合我国国情。

（2）投诉处理及时率：该指标源于国际上普遍采用的书面投诉处理率，忽略投诉途径的单一性，强调投诉处理的及时性。

（3）用户满意度：该指标在国际上普遍被采用，并且是国际标准化组织推荐指标，我国供水服务评级将此指标作为重要考核指标之一。

（4）管网修漏及时率：《城市供水管网漏损控制及评定标准》对管网及时修漏有明确而详细的解释，为符合我国国情而选定该指标。

（5）居民家庭用水量按户抄表比率：该指标源于国际上应用相对较普遍的抄表到户率，强调了居民家庭用户，这样有助于促进我国供水行业的户表改造工作，提高居民家庭节约用水意识。

（6）用水普及率：该指标源于国际上普遍采用的服务人口覆盖率，虽然多数情况下无法准确统计出服务人口的数量，容易受户口普查资料的影响，但是该指标间接反映了我国供水事业的发展程度。

2. 运行类绩效指标

运行类绩效指标，突出反映了对供水水质安全保障的关注，设置了 4 个水质类指标，其中为充分体现新水质标准（GB 5749-2006）的 106 项要求，首次提出了"新国标 106 项水质合格率"指标。

（1）新国标 106 项水质合格率：国家《生活饮用水卫生标准》GB 5749-2006 于 2007 年 7 月 1 日实施，全部指标最迟于 2012 年 7 月 1 日实施。该指标为符合国家新水质考核标准要求而设定的指标，符合我国国情。出厂水水质 9 项合格率、管网水水质 7 项合格率、水质综合合格率：均是为满足《城市供水水质标准》CJ/T 206—2005 而设定的指标。虽然水质类绩效指标的可比性较差，但关系到公共供水安全，所以课题组咨询专家一致同意保留。我国采用的这 4 个水质绩效指标与国际上采用的水质评价指标有所区别，国际上普遍采用的指标突出感观性状、微生物、物理化学和放射性类别划分与评价。

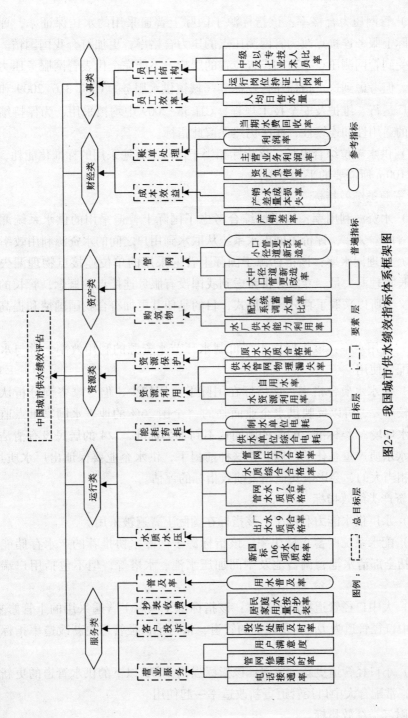

图2-7 我国城市供水绩效指标体系框架图

图例：

总目标层 ⌐⌐⌐⌐

目标层 ⌐⌐⌐⌐

要素层 ⌐⌐⌐⌐

普遍指标 ▭

参考指标 ⬭

（2）管网压力合格率：该指标源于国际上普遍采用的水压保证率，评价口径由国际上服务连接点改为管网测压点的压力合格率，更加符合我国国情。该指标数值受到管网测压点个数和设置位置的影响，不能完全代表管网服务压力的合格程度。但考虑到这个指标在行业标准《城镇供水服务》CJ/T 316-2009 和《城镇供水厂运行、维护及安全技术规程》CJJ 58-2009 中均被采用，为保持绩效指标体系的通用性和连续性，此次仍然保留此指标。

（3）供水单位综合电耗：该指标相当于国际上普遍采用的标准化能耗，即 1t 水提升 100m 所需要的平均电能。

3. 资源类绩效指标

（1）水资源利用率：该指标综合考虑了国际上普遍采用的供水系统漏失率和取水管网漏失率，评价了城市水系统从取水到用户之间的水资源利用效率。

（2）物理漏水率：该指标源于国际上普遍采用的单位连接点物理漏失量或单位管长物理漏失量，专家分析考虑到我国没有服务连接点的概念，管长的定义存在歧义，所以采取了百分比的形式，目的是使其更加符合我国国情和提高可操作性。

（3）自用水率：该指标用于评价制水环节水资源的利用效率，常与水资源利用率配合使用。

（4）原水水质合格率：该指标在国际上应用较少，但专家咨询分析认为该指标比较重要，可以反映供水企业面临的"全国 26% 的地表水国家重点监控断面劣于水环境 V 类标准，62% 的断面达不到Ⅲ类标准，1/4 的居民没有清洁饮用水"原水水质严重恶化的问题。在这种前提下，供水企业要保证出厂水质达标，难度是相当大的，会影响其他相关绩效指标的评估。

4. 资产类绩效指标

（1）水厂供水能力利用率：该指标在国际上普遍被采用。

（2）配水系统调蓄水量比率：该指标源于国际水协推荐的产水存储能力指标，包括全部清水池，调蓄池及中间加压水池、水塔等，但不包括用户端的储水池。

（3）大中口径管道更新改造率：该指标源于国际上普遍采用的干管修复率，明确大中口径管道为 DN75 及以上的管道，常与小口径管道更新改造率指标一起使用。

（4）小口径管道更新改造率：该指标强调 DN75 以下的供水管道的更新、更换情况，常配合大中口径管道更新改造率一起使用。

5. 财经类绩效指标

（1）产销差率：建设部于 2002 年 9 月 16 日的 59 号公告对管网漏损率有具

体评定标准，但在供水企业具体实施过程中表现出可操作性较差的问题，实际应用范围并不广。近年来中国水协已意识到此问题，并在中国水协年度统计年鉴中增加了"产销差率"的指标，以表征供水企业对水量损失控制的总体效果。课题组在进行各示范水司绩效调研中，也发现了类似问题，因此明确将"产销差率"列入指标体系，并基于国际水协的"水平衡分析"方法，对管理损失水量、物理损失水量、免费供水量等多种无收入水量的组成部分进行明确界定，以期能推进行业的水量损失控制管理水平。

（2）主营业务利润率：供水企业（单位）主营业务利润与主营业务收入的比率，它表明企业每单位主营业务收入能带来多少主营业务利润，反映了企业主营业务的获利能力，是评价企业经营效益的主要指标。

（3）产销差水量成本损失率：该指标源于国际水协推荐的产销差水量成本比率指标，选取的目的是将水量损失控制水平明确与水价监审成本联系起来，促进企业自律，并作为政府调整水价的重要依据之一。

（4）资产负债率：资产负债率反映在总资产中有多大比例是通过借债来筹资的，用于衡量企业在清算时保护债权人利益的程度。

（5）当期水费回收率：该指标源于国际上采用的当年水费回收率，我国习惯称之为当期水费回收率。

（6）利润率：该指标源于国际上采用的总收入成本比率。

6. 人事类绩效指标

（1）人均日售水量：该指标源于国际上普遍采用的人均日供水量，以售水量替代供水更能反映出供水企业的人员效率。

（2）运行岗位持证上岗率：国际上通常以学历来评价企业员工的整体教育程度，和学历同样重要的是职业资格，因此专家建议以运行岗位的持证上岗率来进行评估。

（3）中级及以上专业技术人员比率：该指标源于高级职称员工比例。

2.3 绩效背景信息

绩效指标筛选及其体系结构设计是按照供水企业或行业所共有的基本管理目标所确定的，所以绩效指标体系就不会受到特定的供水企业或单位各自不同的发展状况和内部组织结构特点的制约，可以用于企业自身纵向和企业间横向评估及量化管理。但是对供水企业绩效结果的评估分析就不能不考虑企业的经营环境对绩效评估的影响，比如企业所处的地域特点、企业所拥有的给水设施系统特点、企业的融资模式、业务范围等。这些用于描述企业概况、给水系统概况和企业所属地域概况的数据或说明，称之为"背景信息"[37]。

　　背景信息作为绩效指标的补充，有助于识别经营环境特点相似的供水企业，可以用来解释绩效评估结果存在差异的原因。背景信息可以归纳为三类：企业概况、供水系统概况、地域概况。企业概况描述了企业的组织框架、业务种类、服务范围、设施资产等信息。供水系统概况包括了系统类型、服务对象、设施资产等数据。地域概况则包括了企业所属地域的人口、经济、水价、地理、气候环境以及水源条件等信息，这些信息基本不受企业管理层决策的影响。绩效指标体系框架与背景信息关系如图 2-8 所示。背景信息详细内容参见"第 5 章 背景信息"。

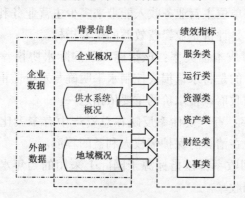

图 2-8　绩效指标体系框架与背景信息关系图

第3章　绩效评价指标

绩效评价指标包括指标定义、计算公式、涉及的指标变量及解释说明等。指标定义尽可能地保持与我国已有的统计指标解释及标准相一致；指标计算公式尽可能清晰地分解到可以直接获取的基础数据，避免数据中间环节的数学运算；指标变量采用统一、唯一编码和单位转换便于计算绩效指标，解释说明备注了该指标涉及的相关概念、用途和应用注意事项，便于正确地使用该绩效指标。

绩效指标采用唯一编码，包括类别字母和排序数字组成，如 $FW1$ 表示服务类绩效第 1 个指标。绩效指标分为普遍性指标和参考性指标，其中普遍性指标24个，参考性指标6个。普遍性指标是城市供水绩效评估过程中必须选用的指标，参考性指标是对普遍性指标的补充，致力于推动行业进步和政策修订完善，实施绩效评估的企业（单位）可根据具体情况选用。

3.1　服务类绩效指标

服务类绩效指标包括：电话接通率、投诉处理及时率、用户满意度、管网修漏及时率、居民家庭用水量按户抄表率、用水普及率，说明见表3-1 ~ 表3-6。

电话接通率　　　　　　　　　　　　　　　　　表 3-1

指标名称及单位	$FW1$——电话接通率（%）	普遍性指标
指标定义	报告期内供水企业（单位）供水服务热线电话被接起的电话量占全部来电量的比率	
计算公式	$FW1 = \dfrac{E5}{E6} \times 100\%$ 电话接通率 $= \dfrac{被接起电话量}{来电量} \times 100\%$	
指标变量	$E5$——被接起电话量（次）； $E6$——来电量（次）	
解释说明	（1）供水服务热线电话应为24小时连续运行，没有建立24小时供水服务热线电话的供水企业（单位）应尽快配置相关设施； （2）被接起电话量应为人工接通率，不含 IVR（自动语音应答）系统接通量； （3）本指标可用于供水企业（单位）之间的横向比较	

投诉处理及时率　　　　　　　　　　　　　　　　　　　　　　表 3-2

指标名称及单位	FW2——投诉处理及时率（%）	普遍性指标
指标定义	报告期内供水企业（单位）对客户投诉的及时处理程度	
计算公式	$FW2 = \dfrac{E1}{E2} \times 100\%$ 投诉处理及时率 $= \dfrac{\text{及时处理投诉次数}}{\text{投诉次数}} \times 100\%$	
指标变量	E1——及时处理投诉次数（次）； E2——投诉次数（次）	
解释说明	（1）供水企业（单位）应设有电话、信访、网络等多种投诉受理渠道，应制定处理投诉的流程和办法； （2）受理客户投诉后应在 24 小时内做出响应，并在 5 个工作日内处理。对在规定的处理期限内不能解决的投诉，应向客户说明原因，并承诺解决的时间； （3）本指标可用于供水企业（单位）之间的横向比较	

用户满意度　　　　　　　　　　　　　　　　　　　　　　　表 3-3

指标名称及单位	FW3——用户满意度（%）	普遍性指标
指标定义	报告期内用户对供水服务质量、效果的社会评价满意程度	
计算公式	$FW3 = \dfrac{E3}{E4} \times 100\%$ 用户满意度 $= \dfrac{\text{收回有效满意项项数}}{\text{收回有效指标项项数}} \times 100\%$	
指标变量	E3——收回有效满意项项数（份）； E4——收回有效指标项项数（份）	
解释说明	（1）由政府部门、行业协会或受它们委托的具有资质的第三方机构开展供水服务质量、效果社会满意度评价，每年至少开展 1 次； （2）本指标可用于供水企业（单位）之间的横向比较	

管网修漏及时率　　　　　　　　　　　　　　　　　　　　　表 3-4

指标名称及单位	FW4——管网修漏及时率（%）	普遍性指标
指标定义	报告期内供水企业（单位）服务区内供水管道损坏后及时修漏次数占全部修漏次数的比率	

指标名称及单位	$FW4$——管网修漏及时率（%）		普遍性指标
计算公式	$FW4 = \dfrac{E7}{E8} \times 100\%$		
	管网修漏及时率 $= \dfrac{管网及时修漏次数}{管网修漏次数} \times 100\%$		
指标变量	$E7$——管网及时修漏次数（次）； $E8$——管网修漏次数（次）		
解释说明	（1）管网修漏，指针对城市供水管网内的管道及附件、接口漏水、破损、冻坏、丢失、折断、爆管等损坏而实施的修补或修复； （2）及时修漏，参照《城市供水管网漏损控制及评定标准》CJJ 92-2002 规定，除非本企业的障碍外，漏水修复时间应符合下列规定：①明漏自报漏之时起、暗漏自检漏人员正式转单报修之时起，90%以上的漏水次数应在24h内修复（节假日不能顺延）；②突发性爆管、折断事故应在报漏之时起，4h内止水并开始抢修； （3）本指标可用于供水企业（单位）之间的横向比较		

居民家庭用水量按户抄表率   表3-5

指标名称及单位	$FW5$——居民家庭用水量按户抄表率（%）		普遍性指标
指标定义	报告期内供水企业（单位）供水范围内，居民家庭按户抄表的用水量占居民家庭用水总量的比率		
计算公式	$FW5 = \dfrac{A28}{A29} \times 100\%$		
	居民家庭用水量按户抄表率 $= \dfrac{居民家庭按户抄表用水率}{居民家庭用水总量} \times 100\%$		
指标变量	$A28$——居民家庭按户抄表用水量（m^3）； $A29$——居民家庭用水总量（m^3）		
解释说明	（1）已实施水表按户改造的城市按住房和城乡建设部行业标准的用水分类中的居民家庭用水分类按户抄表统计水量； （2）非居民家庭（如学校）按居民家庭用水水价计算的用水量，应从按居民家庭用水水价计算的用水量中扣除； （3）本指标可用于供水企业（单位）之间的横向比较		

用水普及率　　　　　　　　　　　　　　　　　　　表 3-6

指标名称及单位	$FW6$——用水普及率（%）	参考性指标
指标定义	城市用水人口与城市人口的比率	
计算公式	$FW6 = \dfrac{G1}{G2} \times 100\%$ 用水普及率 $= \dfrac{城市用水人口}{城市人口} \times 100\%$	
指标变量	$G1$——城市用水人口（人）； $G2$——城市人口（人）	
解释说明	（1）人口数据来源为公安部门户籍统计数据或当地统计部门提供或由公安部门户籍统计户口数据以及户均人口数据； （2）同一城市有多家供水企业（单位），各自统计自己供水范围的普及率，但同一城市多家供水的普及率之和不应大于 100%	

3.2 运行类绩效指标

运行类绩效指标包括：新国标 106 项水质合格率、出厂水水质 9 项合格率、管网水水质 7 项合格率、管网压力合格率、供水综合单位电耗、制水单位耗电量、水质综合合格率，说明见表 3-7 ~ 表 3-13。

新国标 106 项水质合格率　　　　　　　　　　　　　表 3-7

指标名称及单位	$YX1$——新国标 106 项水质合格率（%）	普遍性指标
指标定义	报告期内城市供水水质符合国家《生活饮用水卫生标准》GB 5749—2006 中 106 项的水质指标限值的合格程度	
计算公式	$YX1 = \dfrac{B3}{B4} \times 100\%$ 新国标 106 项水质合格率 $= \dfrac{106 项水质检测合格样本数}{106 项水质检测样本数} \times 100\%$	
指标变量	$B3$——106 项水质检测合格样本数（项）； $B4$——106 项水质检测样本数（项）	

续表

指标名称及单位	*YX1*——新国标 106 项水质合格率（%）	普遍性指标
解释说明	（1）国家《生活饮用水卫生标准》GB 5749—2006 于 2012 年 7 月 1 日起实施，106 项水质检测的采样点选择、检验项目和频率、合格率计算按照 CJ/T 206 执行； （2）城市公共供水企业（单位）应建立水质检测室，配备与供水规模和水质检测项目相适应的检测人员和仪器设备。若限于条件，也可将部分项目委托具备相应资质的检测单位检测； （3）单一水样样本，只要检测的 106 项水质指标中有一项不合格，即认为此样本不合格； （4）本指标可用于供水企业（单位）之间的横向比较	

出厂水水质 9 项合格率　　表 3-8

指标名称及单位	*YX2*——出厂水水质 9 项合格率（%）	普遍性指标
指标定义	报告期内城市供水企业（单位）各水厂出厂水水质 9 项（浑浊度、色度、臭和味、肉眼可见物、余氯、菌落总数、总大肠菌群、耐热大肠菌群、COD$_{Mn}$）达到国家《生活饮用水卫生标准》GB 5749—2006 的合格程度	
计算公式	$$YX2 = \frac{B7}{B8} \times 100\%$$ 出厂水水质 9 项合格率 = $\frac{出厂水水质 9 项各单项检测合格次数之和}{出厂水水质 9 项各单项检测次数之和} \times 100\%$	
指标变量	*B7*——出厂水水质 9 项各单项检测合格次数之和（次）； *B8*——出厂水水质 9 项各单项检测次数之和（次）	
解释说明	（1）出厂水水质 9 项按建设部《城市供水水质标准》CJ/T 206—2005 中"表 3 水质检验项目和检验频率"要求每日不少于一次（将细菌总数改为菌落总数），检测限值按《生活饮用水卫生标准》GB 5749—2006 执行； （2）本指标可用于供水企业（单位）之间的横向比较	

管网水水质 7 项合格率　　表 3-9

指标名称及单位	*YX3*——管网水水质 7 项合格率（%）	普遍性指标
指标定义	报告期内城市供水管网水质 7 项（浑浊度、色度、臭和味、余氯、菌落总数、总大肠菌群、COD$_{Mn}$）达到国家《生活饮用水卫生标准》GB 5749-2006 的合格程度	

指标名称及单位	$YX3$——管网水水质 7 项合格率（%）	普遍性指标
计算公式	$YX3 = \dfrac{B1}{B2} \times 100\%$	
	管网水水质 7 项合格率 $= \dfrac{\text{管网水水质 7 项各单项检测合格次数之和}}{\text{管网水水质 7 项各单项检测次数之和}} \times 100\%$	
指标变量	$B1$——管网水水质 7 项各单项检测合格次数之和（次）； $B2$——管网水水质 7 项各单项检测次数之和（次）	
解释说明	（1）管网水水质 7 项按建设部《城市供水水质标准》CJ/T 206-2005 中"表 3 水质检验项目和检验频率"要求每月不少于两次，检测限值按《生活饮用水卫生标准》GB 5749—2006 执行； （2）管网采样点的具体设置地点应符合规范要求，并应经城市供水行政主管部门批准或备案； （3）本指标可用于供水企业（单位）之间的横向比较	

管网压力合格率　　　　　　　　　　　　　　　　　表 3-10

指标名称及单位	$YX4$——管网压力合格率（%）	普遍性指标
指标定义	报告期内按照供水管网测压点设置原则所建立的实时压力监测点，其压力值达到供水管网服务压力标准的合格程度	
计算公式	$YX4 = \dfrac{B9}{B10} \times 100\%$	
	管网压力合格率 $= \dfrac{\text{管网压力检测合格次数}}{\text{管网压力检测次数}} \times 100\%$	
指标变量	$B9$——管网压力检测合格次数（次）； $B10$——管网压力检测次数（次）	
解释说明	（1）根据住房和城乡建设部行业标准测压点设置均按每 10km^2 设置一处，最低不得小于 3 处，设置要均匀，并能代表各主要供水管网压力的地点。原则上尽量建立在供水干管的汇合点，不同水厂供水区域的交汇点及各边缘地区或者人口居住、活动密集区域。必要时可在重点用户、特殊用户建立测压点，对服务压力具有一定的代表性； （2）供水管网测压点应使用自动压力记录仪，按每小时 15min、30min、45min、60min 四个时点所记录的压力值综合计算出每天的检测次数及合格次数，然后全日、月、年相加计算出日、月、年的合格率；	

指标名称及单位	$YX4$——管网压力合格率（%）	普遍性指标
解释说明	（3）因全国各城市的城市规划、给水设计、供水方式、管网布置、泵站设置、地面高程、供水高程等千差万别，所以测压点在供水管网的具体设置地点及管网最小服务水头由供水企业（单位）根据各城市供水方式以满足多层住宅供水需要确定，并报城市供水行政主管部门批准或备案； （4）本指标可用于供水企业（单位）之间的横向比较	

供水综合单位电耗 表3-11

指标名称及单位	$YX5$——供水综合单位电耗$[kWh/(10^3m^3 \cdot MPa)]$	普遍性指标
指标定义	报告期内供水企业（单位）各配水泵站（含二级泵站和加压泵站）消耗的综合单位电量	
计算公式	$YX5 = \dfrac{\Sigma(YX5_{-1} \times A26)}{\Sigma A26} \times 100\%$ 其中：$YX5_{-1} = \dfrac{B11}{A26 \times B12} \times 100\%$ 供水综合单位电耗 $= \dfrac{\Sigma(泵站供水综合单位电耗 \times 泵站供水量)}{\Sigma 泵站供水量} \times 100\%$ 其中：泵站供水综合单位电耗 $= \dfrac{泵站耗电量}{泵站供水量 \times 泵站平均扬程} \times 100\%$	
指标变量	$YX5_{-1}$——泵站供水综合单位电耗 $[kWh/(10^3m^3 \cdot MPa)]$； $A26$——泵站供水量（10^3m^3）； $B11$——泵站耗电量（kWh）； $B12$——泵站平均扬程（MPa）	
解释说明	（1）各水泵进、出口压力每半小时测量一次，取扬程每天的平均值，详细测算实例见附录"泵站供水综合单位电耗"； （2）对于地下水源水厂，配水泵站包括二级泵站和配水管网内的补压井； （3）本指标可用于供水企业（单位）之间的横向比较	

制水单位耗电量 表3-12

指标名称及单位	$YX6$——制水单位耗电量（$kWh/10^3m^3$）	参考性指标
指标定义	报告期内各水厂制水过程中平均消耗的单位电量	

指标名称及单位	$YX6$——制水单位耗电量（kWh/10^3m^3）		参考性指标
计算公式	$YX6 = \dfrac{B13}{A6} \times 100\%$		
	制水单位耗电量 $= \dfrac{制水耗电量}{进水量} \times 100\%$		
指标变量	$A6$——进水量（10^3m^3）； $B13$——制水耗电量（kWh）		
解释说明	如果原水进厂处无流量计，制水量可用供水量和自用水量之和计算		

水质综合合格率   表 3-13

指标名称及单位	$YX7$——水质综合合格率（%）	参考性指标
指标定义	报告期内《城市供水水质标准》CJ/T 206—2005 表 1 中 42 个检验项目的加权平均合格率	
计算公式	$YX7 = \dfrac{B1/B2 + B14/B15}{7+1} \times 100\%$ 水质综合合格率 $= \dfrac{\dfrac{管网水水质 7 项各单项检测合格次数}{管网水水质 7 项各单项检测次数} + \dfrac{42 项扣除 7 项后各单项检测合格次数}{42 项扣除 7 项后各单项检测次数}}{7+1} \times 100\%$	
指标变量	$B1$——管网水水质 7 项各单项检测合格次数（次）； $B2$——管网水水质 7 项各单项检测次数（次）； $B14$——42 项扣除 7 项后各单项检测合格次数（次）； $B15$——42 项扣除 7 项后各单项检测次数（次）	
解释说明	（1）管网水 7 项各单项合格率计算按住房和城乡建设部《城市供水水质标准》CJ/T 206—2005 表 3 的检验项目（浑浊度、色度、嗅和味、余氯、细菌总数改为菌落总数、总大肠菌群、COD$_{Mn}$管网末梢点）和检验频率执行（每月不少于两次），检验限值按国家《生活饮用水卫生标准》GB 5749—2006 执行； （2）42 项扣除 7 项后的综合合格率计算按住房和城乡建设部《城市供水水质标准》CJ/T 206—2005 表 4 执行，检验频率按《城市供水水质标准》CJ/T 206—2005 表 3 执行并将表 3 中的检验项目栏内的 "表 1 全部项目" 改为《生活饮用水卫生标准》GB 5749—2006 表 1 加表 2 的项目、"表 2 中可能含有的有害物质" 改为国家《生活饮用水卫生标准》GB 5749—2006 表 3 的指标和限值； （3）城市公共供水企业（单位）应建立水质检测室，配备与供水规模和水质检测项目相适应的检测人员和仪器设备。若限于条件，也可将部分项目委托具备相应资质的检测单位检测	

3.3 资源类绩效指标

资源类绩效指标包括：水资源利用率、物理漏失率、自用水率、原水水质合格率，说明见表3-14～表3-17。

水资源利用率   表3-14

指标名称及单位	ZY1——水资源利用率（%）	普遍性指标
指标定义	报告期内城市供水企业（单位）从水源地取水口（井）提取到用户间供水系统中利用的水量占取水总量的百分比	
计算公式	$ZY1 = \dfrac{A5 + A9 + A17}{A3} \times 100\%$ 水资源利用率 $= \dfrac{\text{原水趸售水量} + \text{自用水量} + \text{授权水量}}{\text{原水量}} \times 100\%$	
指标变量	A3——原水量（m³）； A5——原水趸售水量（m³）； A9——自用水量（m³）； A17——授权水量（m³）	
解释说明	（1）水源地取水口后有流量计，按检定有效期内的流量计读数计算；水源地取水口未安装流量计或流量计已过有效期，按水泵特性曲线计算或按进厂流量计读数计算，但应在备注中注明； （2）地下水水源地取水井装有流量计，按检定有效期内的流量计读数计算；地下水水源地取水井未安装流量计或流量计已过有效期，可按进厂流量计读数计算；进厂未装流量计，可按水源井水泵特性曲线计算； （3）本指标可用于供水企业（单位）之间的横向比较	

物理漏失率   表3-15

指标名称及单位	ZY2——物理漏失率（%）	普遍性指标
指标定义	报告期内供水企业（单位）供水管网的物理漏失水量与供水量的比率	
计算公式	$ZY2 = \left(1 - \dfrac{A20 + A13 + A16}{A8}\right) \times 100\%$ 物理漏失率 $= \left(1 - \dfrac{\text{供水管理损失水量} + \text{售水量} + \text{免费水量}}{\text{供水量}}\right) \times 100\%$	

续表

指标名称及单位	ZY2——物理漏失率（%）	普遍性指标
指标变量	A8——供水量（m³）； A13——售水量（m³）； A16——免费水量（m³）； A20——供水管理损失水量（m³）	
解释说明	（1）物理漏失水量等于供水总量减去管理损失水量、售水量、免费水量之后的差值； （2）对未开展水量平衡测试的供水企业（单位）应优先开展水量平衡测试后再计算物理损失水量； （3）本指标由于受到诸多背景因素的影响，建议用于供水企业（单位）自身的纵向比较，如用于横向比较时需要附加条件	

自 用 水 率

表 3-16

指标名称及单位	ZY3——自用水率（%）	普遍性指标
指标定义	报告期内供水企业（单位）各地表水厂在生产过程中所消耗的自用水总量与进水总量的比值	
计算公式	$ZY3 = \dfrac{A9}{A6} \times 100\%$ $自用水率 = \dfrac{自用水量}{进水量} \times 100\%$	
指标变量	A9——自用水量（m³）； A6——进水量（m³）	
解释说明	（1）无地表水厂的城市供水企业（单位）不统计该项指标； （2）地表水厂与地下水厂同时使用的城市供水企业（单位）只统计地表水厂； （3）本指标可用于有地表水厂的供水企业（单位）之间的横向比较	

原水水质合格率

表 3-17

指标名称及单位	ZY4——原水水质合格率（%）	参考性指标
指标定义	报告期内集中式生活饮用水水源地取水口原水水质达到国家标准的程度	
计算公式	$ZY4 = \dfrac{B16}{B17} \times 100\%$ $原水水质合格率 = \dfrac{取水口水质检测达标次数}{取水口水质检测次数} \times 100\%$	

指标名称及单位	ZY4——原水水质合格率（%）	参考性指标
指标变量	B16——取水口水质检测达标次数（次）； B17——取水口水质检测次数（次）	
解释说明	（1）集中式生活饮用水地表水源地取水口原水水质达到国家《地表水环境质量标准》GB 3838—2002 中 I 类和 II 类水体标准的达标率与地下水水源地水质达到国家《地下水质量标准》GB/T 14848—93 中 I 类至 III 类水体标准的达标率的平均值（单一水源的供水企业（单位）只计算一种原水的达标值）； （2）对不达标项目要在该指标下列出名称、限值、实测值、超标倍数、采样日期、检测日期、实验室名称； （3）不达标项目名称及限值、实测值、超标倍数应随"原水水质合格率"指标作附加说明并备查	

3.4 资产类绩效指标

资产类绩效指标包括：水厂能力利用率、配水系统调蓄水量比率、大中口径管道更新改造率、小口径管道更新改造率，说明见表 3-18 ~ 表 3-21。

水厂能力利用率 表 3-18

指标名称及单位	ZC1——水厂能力利用率（%）	普遍性指标
指标定义	报告期内供水企业（单位）实际最高日处理能力与各水厂（有效）设计规模的比率	
计算公式	$ZC1 = \dfrac{A25}{\sum A24} \times 100\%$ 水厂能力利用率 $= \dfrac{最高日供水量}{\sum 设计供水量} \times 100\%$	
指标变量	A25——最高日供水量（m^3）； A24——设计供水量（m^3）	
解释说明	（1）如因水质标准提高造成某些工艺单元达不到原设计能力，应重新核定水厂设计供水能力； （2）本指标可用于供水企业（单位）之间的横向比较	

配水系统调蓄水量比率　　　表 3-19

指标名称及单位	ZC2——配水系统调蓄水量比率（%）	普遍性指标
指标定义	报告期内供水企业（单位）具有调蓄功能的配水系统有效容积（包括全部清水池，调蓄池及中间加压设施（水池、水库、水塔等）与最高日供水量的比率	
计算公式	$ZC2 = \dfrac{A27}{A25} \times 100\%$ 配水系统调蓄水量比率 $= \dfrac{\text{配水系统具有调蓄功能的有效容积}}{\text{最高日供水量}} \times 100\%$	
指标变量	$A27$——配水系统具有调蓄功能的有效容积（m^3）； $A25$——最高日供水量（m^3）	
解释说明	（1）具有调蓄功能的配水系统有效容积是指扣除运行中不可再抽取的水位水量； （2）配水管网中的调节构筑物的有效容积应计算在内； （3）本指标可用于供水企业（单位）之间的横向比较	

大中口径管道更新改造率　　　表 3-20

指标名称及单位	ZC3——大中口径管道更新改造率（%）	普遍性指标
指标定义	报告期内供水企业（单位）对在用 DN75 以上（含 DN75）管道更新改造长度与期初 DN75 以上（含 DN75）管道总长度的比率	
计算公式	$ZC3 = \dfrac{F1}{F2} \times 100\%$ 大中口径管道更新改造率 $= \dfrac{DN75 \text{ 及以上管道更新改造长度}}{\text{期初 } DN75 \text{ 及以上管道长度}} \times 100\%$	
指标变量	$F1$——DN75 及以上管道更新改造长度（m）； $F2$——期初 DN75 及以上管道长度（m）	
解释说明	（1）报告期内已更新改造完成但未通水投入使用的管道不计入更新改造管道长度； （2）新建管道也不属于更新改造管道范围内，只有原有管道的拆除更新、扩径、复新、内衬等才属于更新改造的管道； （3）本指标可用于供水企业（单位）之间的横向比较	

小口径管道更新改造率　　　表 3-21

指标名称及单位	ZC4——小口径管道更新改造率（%）	参考性指标
指标定义	报告期内供水企业（单位）对在用 DN75 以下的管道更新改造长度与期初 DN75 以下管道总长度的比率	

指标名称及单位	ZC4——小口径管道更新改造率（%）	参考性指标
计算公式	$ZC4 = \dfrac{F3}{F4} \times 100\%$ 小口径管道更新改造率 $= \dfrac{DN75\text{ 以下管道更新改造长度}}{\text{期初 }DN75\text{ 以下管道长度}} \times 100\%$	
指标变量	F3——DN75 以下的管道更新改造长度（m）; F4——期初 DN75 以下管道长度（m）	
解释说明	（1）报告期内已更新改造完成但未通水投入使用的管道不计入更新改造管道长度; （2）新建管道也不属于更新改造管道范围内，只有原有管道的拆除更新、扩径、复新、内衬等才属于更新改造的管道; （3）本指标可用于供水企业（单位）之间的横向比较	

3.5 财经类绩效指标

财经类绩效指标包括产销差率、主营业务利润率、产销差水量成本损失率、资产负债率、当期水费回收率、利润率，说明见表3-22～表3-27。

产 销 差 率　　　　　　　　　　　　　　　表3-22

指标名称及单位	CJ1——产销差率（%）	普遍性指标
指标定义	报告期内供水企业（单位）产销差水量与供水量的比率	
计算公式	$CJ1 = \dfrac{A8 - A13}{A8} \times 100\%$ 产销差率 $= \dfrac{\text{供水量} - \text{售水量}}{\text{供水量}} \times 100\%$	
指标变量	A8——供水量（m³）; A13——售水量（m³）	
解释说明	（1）水厂出厂水处应安装流量计并进行定期周期检定，对于没有安装流量计或安装了流量计但没有按规定定期检定，或没有定期检定制度而多年未检定的，可按水泵机组运行时间、效率等计算出供水量。以这种方法计算得出的水量必须特别注明; （2）本指标由于受到抄总表与抄分户表的比例以及免费供水量对其造成的影响，可用于供水企业（单位）自身的纵向比较，用于横向比较时需要附加条件	

主营业务利润率　　　　　　　　　　表 3-23

指标名称及单位	$CJ2$——主营业务利润率（%）	普遍性指标
指标定义	报告期内供水企业（单位）主营业务利润与主营业务收入的比率	
计算公式	$$CJ2 = \frac{C2}{C1} \times 100\%$$ $$主营业务利润率 = \frac{主营业务利润}{主营业务收入} \times 100\%$$	
指标变量	$C1$——主营业务收入（元）； $C2$——主营业务利润（元）	
解释说明	（1）该评估标准采自国务院国资委财务监督与考核评价局《企业绩效评价标准值》2010 年版； （2）本指标可用于供水企业（单位）之间的横向比较	

产销差水量成本损失率　　　　　　表 3-24

指标名称及单位	$CJ3$——产销差水量成本损失率（%）	普遍性指标
指标定义	报告期内供水企业（单位）产销差水量所损失的成本占总成本的比率	
计算公式	$$CJ3 = \frac{(A20 + A16) \times C5 + A21 \times C6}{C7} \times 100\%$$ 产销差水量成本损失率 = $\frac{（供水管理损失水量 + 免费水量）\times 平均售水单价 + 供水物理损失水量 \times 平均制水成本}{供水成本}$ $\times 100\%$	
指标变量	$A20$——供水管理损失水量（m^3）； $A16$——免费水量（m^3）； $A21$——供水物理损失水量（m^3）； $C5$——平均售水单价（元/m^3）； $C6$——平均制水成本（元/m^3）； $C7$——供水成本（元）	
解释说明	（1）对未开展水量平衡测试的供水企业（单位）应优先开展水量平衡测试并得出管理损失水量和物理漏失水量数据后再计算成本损失； （2）平均制水成本和供水总成本数据可在供水企业（单位）的财务报表中获得； （3）本指标可用于供水企业（单位）自身的纵向比较，用于横向比较时需要附加条件	

资产负债率　　　　　　　　　　　　　　　　表3-25

指标名称及单位	CJ4——资产负债率（%）	普遍性指标
指标定义	报告期末供水企业（单位）负债总额与企业资产总额的比率	
计算公式	$CJ4 = \dfrac{C3}{C4} \times 100\%$ 资产负债率 $= \dfrac{负债总额}{资产总额} \times 100\%$	
指标变量	$C3$——负债总额（元）； $C4$——资产总额（元）	
解释说明	（1）该评估标准采自国务院国资委财务监督与考核评价局《企业绩效评价标准值》2010年版； （2）负债总额是指流动负债与非流动负债之和； （3）本指标可用于供水企业（单位）之间的横向比较	

当期水费回收率　　　　　　　　　　　　　　表3-26

指标名称及单位	CJ5——当期水费回收率（%）	普遍性指标
指标定义	报告期末供水企业（单位）实际收回的水费与应收水费的比率	
计算公式	$CJ5 = \dfrac{C8}{C9} \times 100\%$ 当期水费回收率 $= \dfrac{当期实收水费}{当期应收水费} \times 100\%$	
指标变量	$C8$——当期实收水费（元）； $C9$——当期应收水费（元）	
解释说明	（1）实收水费是对应于报告期内应收水费中的实际收回的水费，不包括报告期收回的上期的欠费； （2）应收水费是报告期向各类用户售水量对应于应收水费； （3）本指标可用于供水企业（单位）之间的横向比较	

利　润　率　　　　　　　　　　　　　　　　表3-27

指标名称及单位	CJ6——利润率（%）	参考性指标
指标定义	报告期内供水企业（单位）总利润与总收入的比率	

续表

指标名称及单位	$CJ6$——利润率（%）	参考性指标
计算公式	$CJ6 = \dfrac{C10}{C11} \times 100\%$	
	利润率 $= \dfrac{\text{总利润}}{\text{总收入}} \times 100\%$	
指标变量	$C10$——总利润（元）； $C11$——总收入（元）	
解释说明	总利润包括政府的补贴等	

3.6　人事类绩效指标

人事类绩效指标包括：人均日售水量、运行岗位持证上岗率、中级及以上专业技术人员比率、说明见表 3-28 ~ 表 3-30。

人均日售水量　　　　　　　　　　　　　　　表 3-28

指标名称及单位	$RS1$——人均日售水量（m^3/（d·人））	普遍性指标
指标定义	报告期内供水企业（单位）平均日售水量与在岗职工日平均人数的比值	
计算公式	$RS1 = \dfrac{A13/365}{D1} \times 100\%$	
	人均日售水量 $= \dfrac{\text{售水量}/365}{\text{在岗职工日平均人数}} \times 100\%$	
指标变量	$A13$——售水量（m^3）； $D1$——在岗职工日平均人数（人）	
解释说明	（1）在岗职工平均人数是指在本单位工作并由单位支付工资的人员，以及有工作岗位，但由于学习、病伤产假等原因未工作，仍由单位支付工资的人员； （2）日平均人数指报告期内每天平均拥有的人数； （3）本指标可用于供水企业（单位）的横向比较	

运行岗位持证上岗率　　　　　　　　　　　　表 3-29

指标名称及单位	$RS2$——运行岗位持证上岗率（%）	普遍性指标
指标定义	报告期供水企业（单位）运行岗位实际持证上岗人数与应持证上岗人数的比例	

指标名称及单位	$RS2$——运行岗位持证上岗率（%）		普遍性指标
计算公式	$RS2 = \dfrac{D2}{D3} \times 100\%$		
	运行岗位持证上岗率 = $\dfrac{实际持证上岗人数}{应持证上岗人数} \times 100\%$		
指标变量	$D2$——实际持证上岗人数（人）； $D3$——应持证上岗人数（人）		
解释说明	（1）供水企业（单位）运行岗位是指水厂的取水、净水、配水、加药、化验、天车、变配电岗位的值班运转岗位； （2）以上持证岗位在全国给水运行岗位没有统一要求之前，目前只对以上岗位的健康证或操作证提出要求； （3）本指标可用于供水企业（单位）之间的横向比较		

中级及以上专业技术人员比率

表 3-30

指标名称及单位	$RS3$——中级及以上专业技术人员比率（%）		普遍性指标
指标定义	报告期末供水企业（单位）中级及以上专业技术人员数量与全体职工数量的比率		
计算公式	$RS3 = \dfrac{D4}{D1} \times 100\%$		
	中级及以上专业技术人员比率 = $\dfrac{中级及以上专业技术人员人数}{在岗职工平均人数} \times 100\%$		
指标变量	$D4$——中级及以上专业技术人员人数（人）； $D1$——在岗职工平均人数（人）		
解释说明	（1）中级及以上专业技术人员人数是指获得中级及以上专业技术职称的人员； （2）取得当地劳动部门颁发的工人技师的人员视作等同于专业技术人员； （3）本指标可用于供水企业（单位）之间的横向比较		

第4章 绩效指标变量

绩效指标变量是用于定义和计算绩效指标的数据，又称数据变量。根据数据的属性或来源，将指标变量分为水量类变量、运行类变量、财经类变量、人事类变量、服务类变量和实物类变量。绩效指标变量的表现形式由一个包含特定单位的数值和说明数值精确度与可靠度的置信级别构成。同一个绩效指标变量可以用于计算多个不同的绩效指标。

我国供水企业（单位）现行的统计指标与数据绝大部分可以满足本手册的要求，但缺少数据的置信级别。因此，一个完整指标变量包括一个以特定单位表达的数值（由测量或记录得出）和一个置信级别，以说明此指标变量的数据质量。

指标变量可以通过测量、统计等方式从企业实地获取。根据指标变量属性和来源，不考虑它参与哪些绩效指标的计算，将其分为水量数据、运行数据、财经数据、人事数据、服务数据和实物数据。指标变量的编码也是唯一的，用英文大写字母表示。例如，A 表示水量数据，B 表示运行数据，字母后用数字表示组内数据排序（A1 表示原水取水量，A2 表示原水外购水量）。

4.1 水量平衡及解释

4.1.1 水量平衡定义

水量类变量是指标变量中数量最多、最为重要和复杂的一类指标变量，为了说明水量类指标变量之间的关系，本书引入了国际水协水量平衡的概念和方法。水量平衡是指确定的区域内恒定存在的水量平衡关系，即该区域的输入水量之和等于输出水量之和。以地表水为水源的城市水系统水量平衡最为复杂，通常可以分为取水水量平衡、制水水量平衡和供水水量平衡。这三段水量平衡中涉及的水量之间的所属关系见表4-1～表4-3和图4-1。

取水水量平衡　　　　表 4-1

原水取水量 A1	原水量 A3	进水量 A6
		取水损失水量 A4
原水外购水量 A2		原水趸售水量 A5

制水水量平衡　　　　表 4-2

进水量 A6	供水量 A8
	制水损失水量 A7
	自用水量 A9

供水水量平衡　　　　　　　　　　　　　　表 4-3

供水量 A8	供水损失水量 A22	供水管理损失水量 A20	非法用水量 A18	无收费水量（产销差水量）A23
			计量误差造成的损失水量 A19	
		供水物理损失水量 A21	供水管网漏失水量 $A21_1$	
			调节构筑物溢流和漏失水量 $A21_2$	
			入户管到水表间的漏失水量 $A21_3$	
	授权水量 A17	免费水量 A16	计量免费水量 A15	
外购产水量 A10			未计量免费水量 A14	
		售水量 A13	计量售水量 A11	收费水量
			未计量售水量 A12	

4.1.2 水量定义解释

A1——原水取水量：从江、河、湖、水库、地下水源井等水源取水口工程所取用的原水量。

A2——原水外购水量：从经营区域间外购的批量原水量。

A3——原水量：原水取水量与原水外购水量之和。

A4——取水损失水量：取水管理损失水量与取水物理损失水量之和。

A5——原水趸售水量：从经营区域间趸售的批量原水量。

A6——进水量：供水企业所属水厂的进水量。

A7——制水损失水量：制水管理损失水量与制水物理损失水量之和。

A8——供水量：水厂供出的经计量确定的全部水量。

A9——自用水量：供水企业所属水厂内部生产工艺过程和其他用途所需用的水量，如沉淀池排泥、冲洗滤池水量。

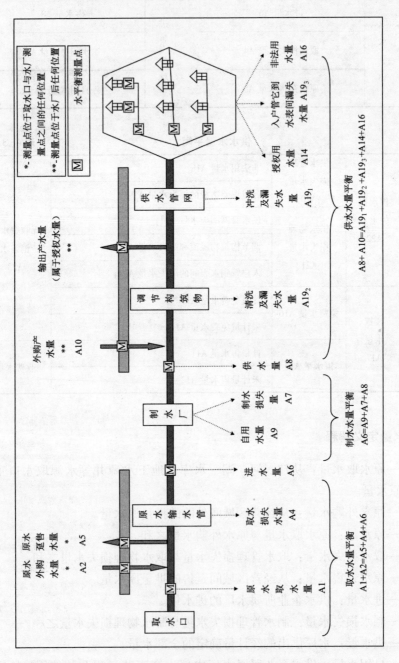

图 4-1 城市水系统水量平衡

A10——外购产水量：供水企业在经营区域间输入的成品水水量，未经处理直接配送给客户的水量也应计入。

A11——计量售水量：供水企业（单位）通过贸易结算仪表计量并应收取水费的水量。

A12——未计量售水量：未经过计量仪表计量的售水量，通常由水费反算出的水量。

A13——售水量（收入水量）：供水企业收取水费的水量，不要求供水企业一定收回水费，发出水量账单即算入售水量，它包括计量售水量和未计量售水量。

A14——未计量免费水量：供水企业没有通过贸易结算仪表计量但已通过合理的折算方法计算确定水量并收费的全部水量。

A15——计量免费水量：未经过计量仪表计量的免费水量。

A16——免费水量：供水企业无偿供应的水量，即实际服务于社会而又不收取水费的水量，如消防灭火等政府规定减免收费的水量及供水企业冲洗在役管道的自用水量。

A17——授权水量：经供水部门授权许可供给各类用户的实际水量，包括免费水量和售水量。

A18——非法用水量：私自接管取水，私自开启消火栓或其他供水设施等无法计量和追偿水费的水量，通常根据经验计算得出。

A19——计量误差造成的损失水量：由于计量结算点位置变化、计量表具性能限制等因素导致的损失水量。

A20——供水管理损失水量：与供水计量、用水计量相联系的各种测量错误以及非法用水量（偷盗及其他非法用水量）。

A21——供水物理损失水量：供水管道、闸井、表井、消火栓及中间的加压设施（水池、水库、水塔）等各种管道及附属供水设施的明漏、暗漏、溢流、渗漏等漏失的水量。

A22——供水损失水量：供水企业供水过程中由于管道及其附属设施破损而造成的漏水量、失窃水量以及水表失灵少计算的水量，它包括供水管理损失水量和供水物理损失水量。

A23——无收入水量：供水量和售水量之间的差值水量，因此又称产销差水量。

4.2　水量类指标变量

A3——原水量（单位：m^3）

变量定义：报告期内供水企业（单位）从取水口（井）获取的水资源量与外购原水量之和

数据来源：

1. 取水口（水源井、补压井），外购处安装流量计自动远传采集、人工采集；
2. 取水口（水源井、补压井），外购处安装流量计或部分安装流量计，按水泵计算得出水量；
3. 估算得出水量

相关的指标：ZY1

A5——原水趸售水量（单位：m^3）

变量定义：报告期内供水企业（单位）从经营区域间趸售的批量原水量

数据来源：

1. 趸售处安装流量计自动远传采集、人工采集；
2. 趸售处安装流量计或部分安装流量计，按水泵计算得出水量；
3. 估算得出水量

相关的指标：ZY1

A6——进水量（单位：m^3）

变量定义：报告期内供水企业（单位）各水厂的进水量之和

数据来源：

1. 水厂进水处安装流量计自动远传采集、人工采集；
2. 水厂进水处安装流量计或部分安装流量计，按水泵计算得出水量；
3. 估算得出水量

相关的指标：ZY3、YX6

A8——供水量（单位：m^3）

变量定义：报告期内供水企业（单位）供出的全部水量，包括地表水厂供水量与地下水厂供水之和

数据来源：

1. 在制水厂出厂安装流量计自动采集；
2. SCADA 系统，企业的统计报表

相关的指标：ZY2、CJ1

A9——自用水量（单位：m^3）

变量定义：报告期内地表水厂生产过程中消耗的水量，如冲洗滤池和厂内水管的用水量等

数据来源：

1. 水厂运行日报；

2. 供水企业的统计报表

相关的指标：ZY1、ZY3

A13——售水量（单位：m^3）

变量定义：报告期供水企业（单位）通过贸易结算仪表计量和通过合理的折算方法计算确定水量并应收水费的全部水量

数据来源：

1. 供水企业（单位）的统计报表；

2. 客户营收系统、水平衡系统；

3. 估算得出水量，例如：施工挖断的工程、管道冲洗用水等漏失已通过管径、时间、压力等参数计算确定并按照明确用水分类单价收费的水量；或通过收取的水费除以平均售水单价（按当地政府物价部门公布的用水分类单价加权平均计算出平均售水单价）计算出的水量

相关的指标：ZY2、CJ1、SR1

A16——免费供水量（单位：m^3）

变量定义：报告期内由于历史原因或者行政手段干涉等原因造成的供水公司记录在案的不收取水费的水量，包括计量免费水量和未计量免费水量

数据来源：计量免费水量、未计量免费水量

相关的指标：ZY2、CJ3

A17——授权水量（有效供水量）（单位：m^3）

变量定义：报告期内各类授权用户实际使用到的水量，即售水量和免费供水量之和

数据来源：

1. 在制水厂出厂安装流量计自动采集；

2. 估算得出水量

相关的指标：ZY1

A20——供水管理损失水量（单位：m³）

变量定义：报告期内包括与供水总量计量、售水量计量相联系的各种测量错误，以及未授权用水量（偷盗和其他非法用水）

数据来源：估算得出水量

相关的指标：ZY2、CJ3

A21——供水物理损失水量（单位：m³）

变量定义：报告期内由于供水管网管材或管件老化、破损等原因造成的明漏、暗漏等各种原因造成的损失水量之和

数据来源：估算得出水量

相关的指标：ZY2、CJ3

A24——设计供水量（单位：m³/d）

变量定义：报告期内按供水设施取水、净化、送水、出厂输水干管等环节设计能力计算的综合生产能力。包括在原设计能力的基础上，经挖潜、革新、改造增加的生产能力。计算时，以四个环节中最薄弱的环节为主确定能力

数据来源：企业的统计报表

相关的指标：ZC1

A25——最高日供水量（单位：m³/d）

变量定义：报告期内供水企业（单位）最高日的供水量

数据来源：SCADA 系统，供水企业的统计报表

相关的指标：ZC1、ZC2

A26——泵站供水量（单位：m³）

变量定义：报告期内供水企业二泵房或管网加压泵站提供一定供水压力的水量

数据来源：

1. 水厂运行日报；

2. 供水企业的统计报表

相关的指标：YX5

A27——配水系统具有调蓄功能的有效容积（单位：m^3）

变量定义：包括清水池及中间加压设施（如水池、水库、水塔等）在内的所有可用贮水量

数据来源：供水企业的统计报表

相关的指标：ZC2

A28——居民家庭按户抄表用水量（单位：m^3）

变量定义：报告期内居民家庭按户抄表所计算出的用水量

数据来源：营收系统，供水企业统计报表

相关的指标：FW5

A29——居民家庭用水量（单位：m^3）

变量定义：报告期内居民家庭用水量的总和

数据来源：供水企业统计报表，估算得出

相关的指标：FW5

4.3 运行类指标变量

B1——管网水水质7项各单项检测合格次数（单位：次）

变量定义：报告期内供水区域内管网水（浑浊度、色度、臭和味、余氯、细菌总数、总大肠菌群、COD_{Mn}）各单项的检测合格次数

数据来源：
1. 经质量技术监督部门资质认定的水质检测机构检测的数据；
2. 国家或所在地城市卫生、建设行政主管部门检测报告

相关的指标：YX3

B1$_{-1}$——管网水浑浊度检测合格次数（单位：次）

变量定义：报告期内供水区域内管网水浑浊度的检测合格次数

数据来源：
1. 经质量技术监督部门资质认定的水质检测机构检测的数据；
2. 国家或所在地城市卫生、建设行政主管部门检测报告

相关的指标：YX3

B1 $_{-2}$——管网水色度检测合格次数（单位：次）

变量定义：报告期内供水区域内管网水色度的检测合格次数

数据来源：

1. 经质量技术监督部门资质认定的水质检测机构检测的数据；

2. 国家或所在地城市卫生、建设行政主管部门检测报告

相关的指标：YX3

B1 $_{-3}$——管网水臭和味检测合格次数（单位：次）

变量定义：报告期内供水区域内管网水臭和味的检测合格次数

数据来源：

1. 经质量技术监督部门资质认定的水质检测机构检测的数据；

2. 国家或所在地城市卫生、建设行政主管部门检测报告

相关的指标：YX3

B1 $_{-4}$——管网水余氯检测合格次数（单位：次）

变量定义：报告期内供水区域内管网水余氯的检测合格次数

数据来源：

1. 经质量技术监督部门资质认定的水质检测机构检测的数据；

2. 国家或所在地城市卫生、建设行政主管部门检测报告

相关的指标：YX3

B1 $_{-5}$——管网水菌落总数检测合格次数（单位：次）

变量定义：报告期内供水区域内管网水细菌总数的检测合格次数

数据来源：

1. 经质量技术监督部门资质认定的水质检测机构检测的数据；

2. 国家或所在地城市卫生、建设行政主管部门检测报告

相关的指标：YX3

B1 $_{-6}$——管网水总大肠菌群检测合格次数（单位：次）

变量定义：报告期内供水区域内管网水总大肠菌群的检测合格次数

数据来源：

1. 经质量技术监督部门资质认定的水质检测机构检测的数据；

2. 国家或所在地城市卫生、建设行政主管部门检测报告

相关的指标：YX3

B1 _7——管网水 COD_{Mn} 检测合格次数（单位：次）

变量定义：报告期内供水区域内管网水 COD_{Mn} 的检测合格次数

数据来源：

1. 经质量技术监督部门资质认定的水质检测机构检测的数据；

2. 国家或所在地城市卫生、建设行政主管部门检测报告

相关的指标：YX3

B2——管网水水质 7 项各单项检测次数（单位：次）

变量定义：报告期内供水区域内管网水（浑浊度、色度、臭和味、余氯、细菌总数、总大肠菌群、COD_{Mn}）各单项的检测总次数

数据来源：

1. 经质量技术监督部门资质认定的水质检测机构检测的数据；

2. 国家或所在地城市卫生、建设行政主管部门检测报告

相关的指标：YX3

B2 _1——管网水浑浊度检测次数（单位：次）

变量定义：报告期内供水区域内管网水浑浊度的检测次数

数据来源：

1. 经质量技术监督部门资质认定的水质检测机构检测的数据；

2. 国家或所在地城市卫生、建设行政主管部门检测报告

相关的指标：YX3

B2 _2——管网水色度检测次数（单位：次）

变量定义：报告期内供水区域内管网水色度的检测次数

数据来源：

1. 经质量技术监督部门资质认定的水质检测机构检测的数据；

2. 国家或所在地城市卫生、建设行政主管部门检测报告

相关的指标：YX3

B2 _3——管网水臭和味检测次数（单位：次）

变量定义：报告期内供水区域内管网水臭和味的检测次数

数据来源：

1. 经质量技术监督部门资质认定的水质检测机构检测的数据；

2. 国家或所在地城市卫生、建设行政主管部门检测报告

相关的指标：YX3

B2 $_{-4}$——管网水余氯检测次数（单位：次）

变量定义：报告期内供水区域内管网水余氯的检测次数

数据来源：

1. 经质量技术监督部门资质认定的水质检测机构检测的数据；

2. 国家或所在地城市卫生、建设行政主管部门检测报告

相关的指标：YX3

B2 $_{-5}$——管网水菌落总数检测次数（单位：次）

变量定义：报告期内供水区域内管网水菌落总数的检测次数

数据来源：

1. 经质量技术监督部门资质认定的水质检测机构检测的数据；

2. 国家或所在地城市卫生、建设行政主管部门检测报告

相关的指标：YX3

B2 $_{-6}$——管网水总大肠菌群检测次数（单位：次）

变量定义：报告期内供水区域内管网水总大肠菌群的检测次数

数据来源：

1. 经质量技术监督部门资质认定的水质检测机构检测的数据；

2. 国家或所在地城市卫生、建设行政主管部门检测报告

相关的指标：YX3

B2 $_{-7}$——管网水 COD_{Mn} 检测次数（单位：次）

变量定义：报告期内供水区域内管网水 COD_{Mn} 的检测次数

数据来源：

1. 经质量技术监督部门资质认定的水质检测机构检测的数据；

2. 国家或所在地城市卫生、建设行政主管部门检测报告

相关的指标：YX3

B3——106 项水质检测合格样本数（单位：项）

变量定义：供水公司在一个报告期内进行 106 项新国标检测并所有项目全部合格的采样的数量之和

数据来源：

1. 经质量技术监督部门资质认定的水质检测机构检测的数据；

2. 国家或所在地城市卫生、建设行政主管部门检测报告

相关的指标：YX1

B4——106 项水质检测样本数（单位：项）

变量定义：供水公司在一个报告期内进行 106 项新国标检测的所有采样的数量之和

数据来源：

1. 经质量技术监督部门资质认定的水质检测机构检测的数据；

2. 国家或所在地城市卫生、建设行政主管部门检测报告

相关的指标：YX1

B5——非常规项目各单项检测次数（单位：次）

变量定义：报告期各供水厂出厂水（同一取水口的两个或两个以上的水厂，可取一个样本）及管网末梢水水质非常规项目各单项（按国家《生活饮用水卫生标准》GB 5749—2006 中表 3 "水质非常规指标及限值"）的检测次数

数据来源：

1. 经质量技术监督部门资质认定的水质检测机构检测的数据；

2. 国家或所在地城市卫生、建设行政主管部门检测报告

相关的指标：YX2

B6——非常规项目各单项检测合格次数（单位：次）

变量定义：报告期各供水厂出厂水（同一取水口的两个或两个以上的水厂，可取一个样本）及管网末梢水水质非常规项目各单项（按国家《生活饮用水卫生标准》GB 5749—2006 中表 3 "水质非常规指标及限值"）的检测合格次数

数据来源：

1. 经质量技术监督部门资质认定的水质检测机构检测的数据；

2. 国家或所在地城市卫生、建设行政主管部门检测报告

相关的指标：YX2

B7——出厂水水质 9 项各单项检测合格次数之和（单位：次）

变量定义：出厂水 9 项（浑浊度、色度、臭和味、肉眼可见物、余氯、细菌总数、总大肠菌群、耐热大肠菌群、COD_{Mn}）各单项检测的合格次数

数据来源：

1. 经质量技术监督部门资质认定的水质检测机构检测的数据；

2. 国家或所在地城市卫生、建设行政主管部门检测报告

相关的指标：YX2

B7$_{-1}$——出厂水浑浊度检测合格次数（单位：次）

变量定义：出厂水浑浊度检测合格次数

数据来源：
1. 经质量技术监督部门资质认定的水质检测机构检测的数据；
2. 国家或所在地城市卫生、建设行政主管部门检测报告
相关的指标：YX2

B7$_{-2}$——出厂水色度检测合格次数（单位：次）
变量定义：出厂水色度检测的合格次数
数据来源：
1. 经质量技术监督部门资质认定的水质检测机构检测的数据；
2. 国家或所在地城市卫生、建设行政主管部门检测报告
相关的指标：YX2

B7$_{-3}$——出厂水臭和味检测合格次数（单位：次）
变量定义：出厂水臭和味检测的合格次数
数据来源：
1. 经质量技术监督部门资质认定的水质检测机构检测的数据；
2. 国家或所在地城市卫生、建设行政主管部门检测报告
相关的指标：YX2

B7$_{-4}$——出厂水肉眼可见物检测合格次数（单位：次）
变量定义：出厂水肉眼可见物检测的合格次数
数据来源：
1. 经质量技术监督部门资质认定的水质检测机构检测的数据；
2. 国家或所在地城市卫生、建设行政主管部门检测报告
相关的指标：YX2

B7$_{-5}$——出厂水余氯检测合格次数（单位：次）
变量定义：出厂水余氯检测的合格次数
数据来源：
1. 经质量技术监督部门资质认定的水质检测机构检测的数据；
2. 国家或所在地城市卫生、建设行政主管部门检测报告
相关的指标：YX2

B7$_{-6}$——出厂水菌落总数检测合格次数（单位：次）

变量定义：出厂水菌落总数检测的合格次数

数据来源：

1. 经供水行政主管部门水质检测机构检测的数据；

2. 国家或所在地城市卫生、建设行政主管部门检测报告

相关的指标：YX2

B7$_{-7}$——出厂水总大肠菌群检测合格次数（单位：次）

变量定义：出厂水总大肠菌群检测的合格次数

数据来源：

1. 经质量技术监督部门资质认定的水质检测机构检测的数据；

2. 国家或所在地城市卫生、建设行政主管部门检测报告

相关的指标：YX2

B7$_{-8}$——出厂水耐热大肠菌群检测合格次数（单位：次）

变量定义：出厂水耐热大肠菌群检测的合格次数

数据来源：

1. 经质量技术监督部门资质认定的水质检测机构检测的数据；

2. 国家或所在地城市卫生、建设行政主管部门检测报告

相关的指标：YX2

B7$_{-9}$——出厂水 COD_{Mn} 检测合格次数（单位：次）

变量定义：出厂水 COD_{Mn} 检测的合格次数

数据来源：

1. 经质量技术监督部门资质认定的水质检测机构检测的数据；

2. 国家或所在地城市卫生、建设行政主管部门检测报告

相关的指标：YX2

B8——出厂水水质9项各单项检测次数之和（单位：次）

变量定义：各水厂出厂水9项（浑浊度、色度、臭和味、肉眼可见物、余氯、菌落总数、总大肠菌群、耐热大肠菌群、COD_{Mn}）各单项检测总次数

数据来源:
1. 经质量技术监督部门资质认定的水质检测机构检测的数据;
2. 国家或所在地城市卫生、建设行政主管部门检测报告
相关的指标:YX2

B8 $_{-1}$——出厂水浑浊度检测次数（单位：次）
变量定义:各水厂出厂水浑浊度检测次数
数据来源:
1. 经质量技术监督部门资质认定的水质检测机构检测的数据;
2. 国家或所在地城市卫生、建设行政主管部门检测报告
相关的指标:YX2

B8 $_{-2}$——出厂水色度检测次数（单位：次）
变量定义:各水厂出厂水色度检测次数
数据来源:
1. 经质量技术监督部门资质认定的水质检测机构检测的数据;
2. 国家或所在地城市卫生、建设行政主管部门检测报告
相关的指标:YX2

B8 $_{-3}$——出厂水臭和味检测次数（单位：次）
变量定义:各水厂出厂水臭和味检测次数
数据来源:
1. 经质量技术监督部门资质认定的水质检测机构检测的数据;
2. 国家或所在地城市卫生、建设行政主管部门检测报告
相关的指标:YX2

B8 $_{-4}$——出厂水肉眼可见物检测次数（单位：次）
变量定义:各水厂出厂水肉眼可见物检测次数
数据来源:
1. 经质量技术监督部门资质认定的水质检测机构检测的数据;
2. 国家或所在地城市卫生、建设行政主管部门检测报告
相关的指标:YX2

B8 $_{-5}$——出厂水余氯检测次数（单位：次）

变量定义：各水厂出厂水余氯检测次数

数据来源：

1. 经质量技术监督部门资质认定的水质检测机构检测的数据；

2. 国家或所在地城市卫生、建设行政主管部门检测报告

相关的指标：YX2

B8 $_{-6}$——出厂水菌落总数检测次数（单位：次）

变量定义：各水厂出厂水菌落总数检测次数

数据来源：

1. 经质量技术监督部门资质认定的水质检测机构检测的数据；

2. 国家或所在地城市卫生、建设行政主管部门检测报告

相关的指标：YX2

B8 $_{-7}$——出厂水总大肠菌群检测次数（单位：次）

变量定义：各水厂出厂水总大肠菌群检测次数

数据来源：

1. 经质量技术监督部门资质认定的水质检测机构检测的数据；

2. 国家或所在地城市卫生、建设行政主管部门检测报告

相关的指标：YX2

B8 $_{-8}$——出厂水耐热大肠菌群检测次数（单位：次）

变量定义：各水厂出厂水耐热大肠菌群检测次数

数据来源：

1. 经质量技术监督部门资质认定的水质检测机构检测的数据；

2. 国家或所在地城市卫生、建设行政主管部门检测报告

相关的指标：YX2

B8 $_{-9}$——出厂水 COD_{Mn} 检测次数（单位：次）

变量定义：各水厂出厂水 COD_{Mn} 检测次数

数据来源：

1. 经质量技术监督部门资质认定的水质检测机构检测的数据；

2. 国家或所在地城市卫生、建设行政主管部门检测报告

相关的指标：YX2

B9——管网压力检测合格次数（单位：次）
变量定义：报告期内供水服务区内各测压点检测到的合格次数总和
数据来源： 1. 城市供水服务区内测压点检测值远传到中心调度室，每 15min 自动打印一次，按每小时内分别在 15min、30min、45min、60min 时间点记录的压力值综合计算出每天的检测合格次数及合格率，然后计算出月、年的压力检测合格率； 2. 已有测压点不能使用或不能自动打印记录的，应及时修复
相关的指标：YX4

B10——管网压力检测次数（单位：次）
变量定义：报告期内供水服务区内各测压点检测的总次数
数据来源： 1. 城市供水服务区内测压点检测值远传到中心调度室，每 15min 自动打印一次，按每小时内分别在 15min、30min、45min、60min 时间点记录的压力值综合计算出每天的检测合格次数及合格率，然后计算出月、年的压力检测合格率； 2. 已有测压点不能使用或不能自动打印记录的，应及时修复
相关的指标：YX4

B11——泵站耗电量（单位：kWh）
变量定义：报告期内泵站的耗电总量
数据来源： 1. 水厂运行日报； 2. 供水企业的统计报表； 3. SCADA 系统
相关的指标：YX5

B12——泵站平均扬程（单位：MPa）
变量定义：加压泵站在运行周期内通过运行数据进行统计计算后得出的平均扬程（具体计算方法及举例参见本书附录 C）
数据来源： 1. 水厂运行日报； 2. 供水企业的统计报表； 3. SCADA 系统
相关的指标：YX5

B13——制水耗电量（单位：kWh）
变量定义：报告期内水厂制水平均消耗的单位电量
数据来源： 1. 水厂运行日报； 2. 供水企业的统计报表
相关的指标：YX6

4.4 财务类指标变量

C1——主营业务收入（单位：元）
变量定义：报告期供水企业（单位）经常性的、主营业务所产生的收入
数据来源： 1. 供水企业（单位）上报当地财政局并经第三方会计审计通过的财务年报； 2. 主营业务仅指供水企业工商登记的主营业务即自来水的生产与销售业务；不包括与主营业务有关或无关（即使登记在主营业务中）的管道工程施工与安装，户表改造工程，物资物流，设备制造，房地产开发、饭店、农场、水库、旅游、出租，药剂、水表、纯净水等生产与销售以及第三产业等辅助生产业务； 3. 无论是否合并财务报表都应与自来水的生产与销售业务分开统计与核算
相关的指标：CJ2

C2——主营业务利润（单位：元）
变量定义：报告期供水企业（单位）主营业务所取得的利润
数据来源： 1. 供水企业（单位）上报当地财政局并经第三方会计审计通过的财务年报； 2. 主营业务仅指供水企业工商登记的主营业务即自来水的生产与销售业务；不包括与主营业务有关或无关（即使登记在主营业务中）的管道工程施工与安装，户表改造工程，物资物流，设备制造，房地产开发、饭店、农场、水库、旅游、出租，药剂、水表、纯净水等生产与销售以及第三产业等辅助生产业务； 3. 无论是否合并财务报表都应与自来水的生产与销售业务分开统计与核算
相关的指标：CJ2

C3——负债总额（单位：元）

变量定义：企业过去的交易、事项形成的现时义务，履行该义务预期会导致经济利益流出企业，包括流动负债和长期负债

数据来源：

1. 供水企业（单位）上报当地财政局并经第三方会计审计通过的财务年报；
2. 主营业务仅指供水企业工商登记的主营业务即自来水的生产与销售业务；不包括与主营业务有关或无关（即使登记在主营业务中）的管道工程施工与安装，户表改造工程，物资物流，设备制造，房地产开发、饭店、农场、水库、旅游、出租，药剂、水表、纯净水等生产与销售以及第三产业等辅助生产业务；
3. 无论是否合并财务报表都应与自来水的生产与销售业务分开统计与核算

相关的指标：CJ4

C4——资产总额（单位：元）

变量定义：企业拥有或控制的全部资产，这些资产包括流动资产、长期投资、固定资产、无形及递延资产、其他长期资产等，即为企业资产负债表的资产总计项

数据来源：

1. 供水企业（单位）上报当地财政局并经第三方会计审计通过的财务年报；
2. 主营业务仅指供水企业工商登记的主营业务即自来水的生产与销售业务；不包括与主营业务有关或无关（即使登记在主营业务中）的管道工程施工与安装，户表改造工程，物资物流，设备制造，房地产开发、饭店、农场、水库、旅游、出租，药剂、水表、纯净水等生产与销售以及第三产业等辅助生产业务；
3. 无论是否合并财务报表都应与自来水的生产与销售业务分开统计与核算

相关的指标：CJ4

C5——平均售水单价（单位：元/ m^3）

变量定义：供水企业在一个报告期内根据不同用水性质的单价进行加权计算后的平均价格

数据来源：

1. 供水企业（单位）上报当地财政局并经第三方会计审计通过的财务年报；
2. 供水企业（单位）的财务、统计报表

相关的指标：CJ3

C6——平均制水成本（单位：元/ m^3）

变量定义：供水企业在一个报告期内制水的平均成本

数据来源：

1. 供水企业（单位）上报当地财政局并经第三方会计审计通过的财务年报；

2. 供水企业（单位）的财务、统计报表

相关的指标：CJ3

C7——供水成本（单位：元）

变量定义：供水企业在一个报告期内由于供水产生的总费用之和

数据来源：

1. 供水企业（单位）上报当地财政局并经第三方会计审计通过的财务年报；

2. 供水企业（单位）的财务、统计报表

相关的指标：CJ3

C8——当年实收水费（单位：元）

变量定义：报告期内售水量应收水费中，实际收回的水费，不包括报告期收回的上期的欠款

数据来源：供水企业财务、统计报表

相关的指标：CJ5

C9——当年应收水费（单位：元）

变量定义：报告期内向各类用户的售水量计算的应收水费

数据来源：供水企业财务、统计报表

相关的指标：CJ5

C10——总利润（单位：元）

变量定义：报告期内供水企业的经营成果，包括营业利润、投资收益和营业外净损益的所有项目在内的企业利润总额

数据来源：供水企业财务、统计报表

相关的指标：CJ6

C11——总收入（单位：元）
变量定义：报告期内供水企业在日常活动中形成的、会导致所有者权益增加的、与所有者投入资本无关的经济利益的总流入
数据来源：供水企业财务、统计报表
相关的指标：CJ6

4.5　人事类指标变量

D1——在岗职工平均人数（单位：人）
变量定义：在本单位工作且与本单位签订劳动合同，并由单位支付各项工资和社会保险、住房公积金的人员，以及上述人员中由于学习、病伤、产假等原因暂未工作仍由单位支付工资的人员。在岗职工还包括：（1）应订立劳动合同而未订立劳动合同人员（如使用的农村户籍人员）；（2）处于试用期人员；（3）编制外招用的人员；（4）派往外单位工作，但工资仍由本单位发放的人员（如挂职锻炼、外派工作等情况）。在岗职工中不包括下列人员：（1）离开本单位仍保留劳动关系的职工；（2）从单位领取原材料，在自己家中进行生产的家庭工；（3）发包给其他单位半成品加工、装配、包装等工作使用的人员；发包给其他单位的拆洗缝补、房屋修缮、装卸、搬运、短途运输等工作所使用人员；承包本单位工程或运输业务、其劳动力不由本单位直接组织安排的农村搬运队、建筑队的人员等；（4）经过省、自治区、直辖市批准有计划从农村就近招用，参加铁路、公路、输油输气管线、水利等大型土石方工程工作，工程结束后立即辞退，不得调往新施工地区的民工；（5）参加单位生产劳动的军工和勤工俭学的在校学生，以及大中专、技工学校的实习生；（6）离休、退休、退职人员；（7）在各单位工作的外方人员和港澳台地区人员等其他从业人员
数据来源：人数以报当地劳动部门劳资报表数字为准
相关的指标：RS1

D2——实际持证上岗人数（单位：人）
变量定义：按劳动主管部门对劳动岗位上岗技能及相关要求已经取得上岗资格证明的人员
数据来源：人数以报当地劳动部门劳资报表数字为准
相关的指标：RS2

D3——应持证上岗人数（单位：人）
变量定义：按劳动主管部门对劳动岗位上岗技能及相关要求需要应取得上岗资格证明的人员
数据来源：人数以报当地劳动部门劳资报表数字为准
相关的指标：RS2

D4——中级及以上专业技术人员数（单位：人）
变量定义：企业（单位）获得中级及中级以上专业技术资格的职工总数
数据来源：人数以报当地劳动部门劳资报表数字为准
相关的指标：RS3

4.6　服务类指标变量

E1——及时处理投诉次数（单位：次）
变量定义：按照住房和城乡建设部行业标准《城镇供水服务》CJ/T 316-2009 在规定时间内处理投诉的次数
数据来源： 1. 供水单位应建立 24h 服务电话，以及营业厅、信函等服务渠道，宜建立传真、网站、电子邮件、短信等多媒体售后服务渠道及自助服务方式； 2. 供水单位客户服务记录和处理"三来"（来信、来访、来电）的记录
相关的指标：FW2

E2——投诉次数（单位：次）
变量定义：城市供水用水户（人）因水量、水压、水质、服务、事故等原因而向供水单位以书面、电话、来访提出不满表示的总次数
数据来源： 1. 供水单位应建立 24h 服务电话，以及营业厅、信函等服务渠道，宜建立传真、网站、电子邮件、短信等多媒体售后服务渠道及自助服务方式； 2. 供水单位客户服务记录和处理"三来"（来信、来访、来电）的记录
相关的指标：FW2

E3——收回有效满意项项数（单位：项）
变量定义：针对供水水质、水压、抄表缴费、热线服务等服务情况所发放并收回有效的调查问卷指标项，且满意度选择满意或基本满意的项数
数据来源：满意度测评调查记录
相关的指标：FW3

E4——收回有效指标项项数（单位：项）

变量定义：针对供水水质、水压、抄表缴费、热线服务等服务情况所发放并收回有效的调查问卷指标项数量

数据来源：满意度测评调查记录

相关的指标：FW3

E5——被接起电话量（单位：次）

变量定义：报告期内城市供水用水户（人）向供水企业（单位）打服务电话并被接起的次数

数据来源：
1. 供水企业（单位）应建立24h服务电话；
2. 供水企业（单位）客户服务记录和热线电话的记录

相关的指标：FW1

E6——来电量（单位：次）

变量定义：报告期内城市供水用水户（人）向供水企业打服务电话的总次数

数据来源：
1. 供水企业应建立24h服务电话；
2. 供水企业客户服务记录和热线电话的记录

相关的指标：FW1

E7——管网及时修漏次数（单位：次）

变量定义：报告期内供水企业及时修漏（参照《城市供水管网漏损控制及评定标准》CJJ 92 - 2002 中相关规定）的总次数

数据来源：
1. 供水企业应建立24h服务电话；
2. 供水企业客户服务记录和热线电话的记录

相关的指标：FW4

E8——管网修漏次数（单位：次）

变量定义：报告期内供水企业修漏的总次数

续表

数据来源:
1. 供水企业应建立 24h 服务电话;
2. 供水企业客户服务记录和热线电话的记录
相关的指标: FW4

4.7 实物类指标变量

F1——$DN75$ 及以上管道更新改造长度(单位: m)
变量定义: 为了改善水质、水压等各类供水服务或降低产销差而进行的 $DN75$ 及以上的管道改造总长度(不包括新建管网长度)
数据来源: SCADA 系统、统计报表
相关的指标: ZC3

F2——期初 $DN75$ 及以上管道长度(单位: m)
变量定义: 供水企业在绩效评估报告期期初 $DN75$ 及以上的管道总长度
数据来源: SCADA 系统、统计报表
相关的指标: ZC3

F3——$DN75$ 以下管道更新改造长度(单位: m)
变量定义: 为了改善水质、水压等各类供水服务或降低产销差而进行的 $DN75$ 以下的管道改造总长度(不包括新建管网长度)
数据来源: SCADA 系统、统计报表
相关的指标: ZC4

F4——期初 $DN75$ 以下管道长度(单位: m)
变量定义: 供水企业在绩效评估报告期期初 $DN75$ 以下的管道总长度
数据来源: SCADA 系统、统计报表
相关的指标: ZC4

第 5 章　绩效背景信息

绩效背景信息在进行绩效评估时是很有用的，尤其是对不同水务企业开展横向绩效评估时，用以确定绩效指标值的差异是和管理水平相关还是和背景信息相关。有些在某种极端情况下，企业间的背景差异非常巨大，以至于无法进行非常有效的绩效指标比较。这一版指标体系中我们把背景信息归纳为三类：企业概况、供水系统概况、地域概况等。企业概况描述了企业的组织框架、业务种类、服务范围、设施资产等信息；供水系统概况包括了系统类型、服务对象、设施资产等数据；地域概况则包括了企业所属地域的人口、经济、水价、地理、气候环境以及水源条件等信息。

通常情况下地域概况类背景信息是较为稳定和独立的，例如人口、气候环境、经济等不会很快变化，基本不受水务企业管理的影响；相比之下水源、水价信息具有更多动态的特点。一般认为，企业资产类背景信息取决于企业的长期政策，目前的资产状况是企业过去的经营管理决定的，即使改变经营管理策略也不能起到立竿见影的效果。然而，衡量企业的绩效进步应该考虑这些数据的长期变化。还有一些企业信息取决于当地的实际情况，水务企业的运营者不一定有能力去改变，这需要具体问题具体分析。

5.1　企业概况

类别		名　称	单位	注　释
基本信息	G1	企业名称	—	公司名称
	G2	企业地址	—	公司地址
	G3	企业类型	A—E	A—国有独资企业；B—股份有限公司、C—中外合资企业；D—港澳台合资企业；E—其他类型请在备注中说明
	G4	行政主管部门	—	供水企业的上级（政府）管理机构
	G5	组织架构	—	企业的流程运转、部门设置及职能规划等最基本的结构
	G6	业务范围	—	以当地工商局登记的主营和兼营的范围
	G7	服务范围	A—B	A—城市；B—城市和乡镇
	G8	供水类型	A—C	A—24h 供水；B—间歇供水；C—24h 供水 + 间歇供水

类别		名　称	单位	注　释
基本信息	G9	在岗职工数	人	从事供水工作的全职员工数量，不包括第三产业、退休员工
	G10	服务面积	km²	供水管网环通的全部区域，单管供水的区域，按管道两侧100m范围作为供水区域面积统计
	G11	服务人口	人	供水服务范围内接受供水服务的人口数量（含常驻和流动人口）
	G12	服务户数	户	实际用水的各类用户总数，包括生产运营、公共服务、居民家庭及其他用户
资产信息	G13	水源数量	个	取水水源数量，包括地表水和地下水水源数量
	G14 其中	地表水水源数量	个	地表水水源数量
	G15	地下水水源数量	个	地下水水源数量，指水源井数量
	G16	水厂数量	个	水司管理的水厂总数
	G17 其中	现有水厂数量	个	水司现运营水厂总数
	G18	在建水厂数量	个	水司在建水厂总数
	G19	加压泵站数量	个	供水企业管理的加压泵站数量（包含运营和在建）
	G20 其中	水司管理数量	个	由水司直接负责管理的二次供水设施数量
	G21	非水司管理数量	个	非水司直接管理的二次供水设施数量。如由物业公司、房产部门、建设单位管理等
	G22	DMA分区数量	个	供水管网独立计量分区的数量
	G23	管网总长度	km	取水管道、管渠和供水管道的总长度
	G24	水质检测能力	—	企业水质检测中心的资质、检测能力等
信息化系统	G25	营业收费系统	—	请描述企业所拥有的各信息化系统的简介，至少应包括系统构成、投入时间、功能简介、运行情况等信息
	G26	客服热线系统	—	
	G27	报装管理系统	—	
	G28	智能抄表系统	—	
	G29	地理信息系统	—	
	G30	管网模型系统	—	
	G31	调度系统	—	
	G32	其他系统	—	

5.2 系统概况

5.2.1 水厂

类别		名 称	单位	注 释
水厂	G33	水厂名称	—	制水厂的名称
	G34	建设年代	—	制水厂建设起始年代
	G35	投产年代	—	制水厂开始投产运行年代
	G36	建设投资	万元	制水厂建设投资规模
	G37	设计规模	m^3/d	制水厂的设计最高日处理能力
	G38	平均日供水量	m^3/d	制水厂的实际平均日供水量
	G39	职工数量	人	制水厂的职工数量
	G40	水源及取水方式	—	描述制水厂的水源类型和取水方式
	G41	混凝剂类型	—	制水厂使用的净水剂类型
	G42	消毒剂类型	—	制水厂使用的消毒方式及消毒剂类型
	G43	工艺流程	—	水厂制水工艺流程,包括常规工艺、深度处理、污泥处理等

(注: 名称列中间纵排标注"一水厂")

5.2.2 管网及用户

类别		名 称	单位	注 释
取水管网	G44	取水管渠长度	km	连接水源与水厂之间的取水管线总长度
	G45	取水管线尺寸	m	取水管道管径或涵渠的外形尺寸
	G46	取水管道材质	—	取水管道的材质
	G47	取水管道埋设年代	—	取水管道的建设年代
供水管网	G48	供水管道总长度	km	供水企业服务范围内连接送水泵与用户表之间的所有管道的长度之和,包括水源井群间联络管长度

类 别		名 称	单位	注 释
供水管网	管径	G49	$\phi < DN75$	km	管径小于 $DN75$ 的供水管道长度之和
		G50	$DN75 \leqslant \phi < DN300$	km	管径大于等于 $DN75$ 且小于 $DN300$ 的供水管道长度之和
		G51	$DN300 \leqslant \phi < DN600$	km	管径大于等于 $DN300$ 且小于 $DN600$ 的供水管道长度之和
		G52	$DN600 \leqslant \phi < DN1000$	km	管径大于等于 $DN600$ 且小于 $DN1000$ 的供水管道长度之和
		G53	$\phi \geqslant DN1000$	km	管径大于等于 $DN1000$ 的供水管道长度之和
	建设年代	G54	1949 年以前	km	1949 年以前埋设的供水管道长度之和
		G55	1949~1978 年	km	1949~1978 年之间埋设的供水管道长度之和
		G56	1978~2000 年	km	1978~2000 年之间埋设的供水管道长度之和
		G57	2000 年以后	km	2000 年以后埋设的供水管道长度之和
供水管网	管道材质	G58	球墨铸铁管	km	材质为球墨铸铁的供水管道长度之和
		G59	灰口铸铁管	km	材质为灰口铸铁的供水管道长度之和
		G60	钢管	km	材质为钢管的供水管道长度之和
		G61	钢筋混凝土管	km	材质为钢筋混凝土的供水管道长度之和
		G62	石棉水泥管	km	材质为石棉水泥的供水管道长度之和
		G63	玻璃钢管	km	材质为玻璃钢的供水管道长度之和
		G64	聚乙烯管（PE）	km	材质为聚乙烯（PE）的供水管道长度之和
		G65	交联聚乙烯管（PEX）	km	材质为交联聚乙烯（PEX）的供水管道长度之和
		G66	聚氯乙烯管（PVC-U）	km	材质为聚氯乙烯（PVC-U）的供水管道长度之和
		G67	聚丙烯管（PPR）	km	材质为聚丙烯（PPR）的供水管道长度之和
		G68	钢丝骨架管	km	材质为钢丝骨架管的供水管道长度之和
		G69	其他管材	km	非上述材质的供水管道长度之和

续表

类　别		名　　称	单位	注　　释
供水管网	G70	室外消火栓数量	个	供水企业管理的室外消火栓数量之和，包括地上式和地下式消火栓
	G71	水表数量	个	供水区域全部用户计量水表的数量
	G72	其中	智能化水表	个	供水区域内智能化水表数量，如 IC 卡智能型水表、射频卡智能型水表、CPU 卡智能型水表、有线或无线远传水表等
	G73		机械水表	个	供水区域内机械水表数量
	G74	其中	居民家庭用户水表	个	供水区域居民家庭用户水表的数量
	G75		工业用户水表	个	供水区域工业用户水表的数量
	G76		其他用户水表	个	供水区域除居民家庭用户和工业用户以外的水表的数量
	G77	其中	DMA 分区内水表	个	独立计量区（DMA）内用户的计量水表数量之和
	G78		非 DMA 分区内水表	个	非独立计量区（DMA）内用户的计量水表数量之和

5.3　地域概况

类　别		名　　称	单位	注　　释
水源	G79	水源	水源类型	—	供水企业给水系统的取水水源类型，如地表水（江、河、湖、水库、海水等）、地下水（潜水、泉水、自流水等）、地表水和地下水
	G80		水源水质	—	《地表水环境质量标准》GB 3838—2002、《地下水质量标准》GB/T 14848—93 I ~ V 类。不同类别水质执行相应的检测项目标准限值
	G81		水资源费	元/m³	对城市中取水的单位征收的费用
水价	G82		居民生活用水	元/m³	居民生活用水的价格
	G83		其中自来水价格	元/m³	居民生活用水的价格

续表

类别	名 称		单位	注 释
水价	G84	行政事业用水	元/m³	包括行政机关、事业单位、部队、教育、文化、体育、卫生组织、社会团体用水及环卫、园林绿化等市政用水
	G85	其中自来水价格	元/m³	
	G86	经营服务用水	元/m³	从事生产经营的工商企业、建筑行业、旅游业、宾馆、餐饮、娱乐、服务业用水
	G87	其中自来水价格	元/m³	
	G88	特种行业用水	元/m³	特种服务行业，包括纯净水、制酒业、饮料业及桑拿、洗浴、足浴、洗车行业
	G89	其中自来水价格	元/m³	
	G90	其他用水	元/m³	其他水价形式（请补充说明）
	G91	其中自来水价格	元/m³	
	G92	阶梯水价	—	描述供水企业所在城镇是否执行阶梯水价及详细信息
人口	G95	人口数	人	划定的城乡统筹供水区域内的总人口数，以公安部门的户籍统计为准填报
	G96	其中 城市人口	人	划定的城市（省级、地级和县级）范围内的人口数
	G97	乡镇人口	人	划定的乡镇（镇、乡、村）范围内的人口数

第6章 供水绩效评估指南

"城市供水绩效评估技术指南"（以下简称"技术指南"）是城市供水绩效评估体系研究与示范课题组针对城市供水企业绩效评估管理工作制定的技术规范细则和工作程序。

6.1 总则

6.1.1 目的及适用范围

技术指南是针对城市供水企业而制定的绩效评估导则，其目的是通过规范供水企业绩效评估工作，帮助政府、行业监管部门发现和制约阻碍供水企业绩效提升的因素，客观反映供水行业的总体绩效水平。通过企业之间的横向比较反映企业之间的绩效差距，通过企业自身绩效的纵向比较反映其经营状况和管理效率，帮助企业管理者认识经营中的不足，督促和激励企业改进绩效水平。

政府、行业监管部门，供水企业和绩效评估的专业人员，均可应用此技术指南对某一特定的供水企业进行绩效评估。

6.1.2 绩效评估工作流程

为规范绩效评估工作并提高工作效率，建议评估工作依照推荐流程进行，如图6-1所示。

6.1.3 评估周期

供水企业绩效评估周期以公历年计，应在年初确定评估指标、评估基准值（或企业考核值）、数据采集（月度）报表格式、企业基础信息表格式等。也可根据特殊需求，选取个别指标进行阶段评估或抽查评估。

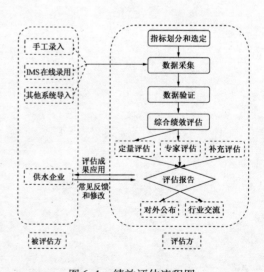

图6-1 绩效评估流程图

84

6.2 数据采集与验证

绩效评估工作围绕数据采集、报送、调查、分析、评估、编制报告等环节展开，参与工作的从业人员均需符合一定的从业资格和培训要求。本节主要针对绩效评估资料数据收集与采集、数据录入与初步分析、绩效指标详细分析与原因诊断（第三方独立专家）三个主要过程对相关工作人员的从业资质做出了详细的要求。

6.2.1 从业人员资格和培训

6.2.1.1 数据资料收集与采集从业人员

数据采集相关从业人员应具有学士学位或以上学历，对供水行业的运行管理有 2 年或 2 年以上实际工作经验，对供水服务程序、工艺操作流程有专业认识和理解。在承担资料收集工作前，应经过两天的绩效评估专业培训，培训内容应至少包括以下方面：

1）绩效评估的工作内容和方法、概述；

2）绩效指标的定义和计算公式解释；

3）绩效指标原始资料的来源与采集方式；

4）案例指标分析；

5）职业道德要求；

6）在专业人员的指导下，进行为期半天的现场资料收集操作；

7）财务类基本知识；

8）获得培训合格证书。

6.2.1.2 资料录入与指标初步分析从业人员

资料收集整理后，须由相关从业人员将数据输入城镇供水绩效评估信息管理系统中，该部分从业人员将承担如下工作：

1）信息管理系统资料录入与检查；

2）对信息管理系统输出的绩效指标结果进行初步核查；

3）对不合理的结果，追溯审核其原始数据的合理性；

4）对模型信息系统产生的报告进行初步审核和分析。

对信息管理系统分析的从业人员要求如下：

1）具有大学学士学位或以上学历；

2）具有一年或一年以上工作经验；

3）具有较强的计算机软件操作知识；

4）参加 2 天"绩效评估专业培训";

5）参加"信息管理系统操作培训";

6）参加"绩效评估分析"培训,培训内容至少包括:

①绩效指标定义,计算公式;

②绩效评估结果解释;

③国内外供水企业绩效指标水平与指标变化的因素分析;

④培训结业测试与合格证书。

6.2.1.3　第三方独立专家

第三方独立分析专家的工作职责包括提供独立的专家意见,对数据采集、调查与计算过程进行校核和验证,同时对绩效评估结果进行分析诊断,提出专家改进意见并呈交绩效评估报告。

第三方独立专家需要是经验丰富的从业人员,具有相关专业的学士学位及以上学历,具有 15 年以上供水行业相关的工作经验并承担过若干绩效评估项目。

6.2.2　数据采集

绩效评估工作中数据采集可通过以下途径获得:

1）人工采集和导入;

2）在线录入（城市供水绩效评估信息管理系统）;

3）从其他数据信息系统提取或导入（SCADA 系统等）。

城市供水绩效评估信息管理系统（Water Utility Benchmarking Information Management System,IMS）是按照本技术指南的绩效指标、技术规范及工作程序而研发的城市供水企业绩效评估信息管理的计算机化程序。该系统为面向政府、行业监管部门、供水企业或行业协会设计的绩效评估管理工具,系统需要经过培训的专业从业人员进行操作。系统的详细应用范围和操作程序等参考《城市供水绩效评估信息管理系统操作手册》。

6.2.3　数据验证

为合理、公平、科学地评价和比较供水企业的绩效,必须对反映绩效指标的原始数据质量进行验证和评价,因此需要核实和评估数据来源的可靠性。

绩效评估工作中数据验证工作和可靠性评估主要通过以下途径予以保证:

1）IMS 系统程序自动校核及报警提示;

2）相关指标的相互验证（相关性及逻辑判断）;

3）专家依据可靠性划分细则进行验证和现场评判。

为了对数据可靠性级别进行具体的指导性划分,水专项绩效课题组依据当前调研范围和长期的数据跟踪，经过多次数据采集后总结出了数据可靠性划分规则，针对绩效指标各类数据的采集和数据来源进行详细划分，详见本书附录 D "数据可靠性划分一览表"。专家评估工作中可依据此划分细则进行数据质量的评估和打分。

6.3 绩效评估方法

纵向比较是指被评估企业当期绩效指标值与该绩效指标的企业目标值或企业基准值或行业基准值进行比较，企业基准值以该企业前三年绩效指标的平均值为准，行业基准值由监管部门根据现行的行业标准或行业通用的经验值进行设定。纵向比较主要用于供水企业进行自身绩效评估或政府相关监管部门对供水企业的绩效评估。

横向比较是指在同一评估期间，被评估企业之间绩效指标值的比较，横向比较时采用行业基准值。横向比较主要用于政府相关监管部门对供水企业之间绩效水平的比较和分析，采取标杆管理的方式促进行业进步，并为监管部门制定行业政策提供依据。

6.3.1 基准值设定

24 个绩效指标设置了行业基准值（见表 6-1），为开展各指标的横向比较奠定了基础；伴随绩效评估经验和数据的逐渐积累和丰富，各类指标的行业基准值随之调整，目的是使绩效评估结果更加趋于合理。

绩效指标行业基准值　　　　　　表 6-1

类别	绩效指标	基准值	单位	基准值出处
服务	电话接通率	95	%	《城镇供水服务》CJ/T 316—2009
	投诉处理及时率	99	%	《城镇供水服务》CJ/T 316—2009
	用户满意度	85	%	行业通用经验值
	管网修漏及时率	90	%	《城市供水管网漏损控制及评定标准》CJJ 92—2002
	居民家庭用水量按户抄表率	70	%	《城市供水管网漏损控制及评定标准》CJJ 92—2002
运行	新国标 106 项水质合格率	95	%	《城市供水水质标准》CJ/T 206—2005，《生活饮用水卫生标准》GB 5749—2006

87

类别	绩效指标	基准值	单位	基准值出处
运行	出厂水水质 9 项合格率	95	%	《城市供水水质标准》CJ/T 206—2005
	管网水水质 7 项合格率	95	%	《城市供水水质标准》CJ/T 206—2005
	管网压力合格率	97	%	《城市供水行业 2010 年技术进步发展规划及 2020 年远景目标》
	供水单位综合电耗	380	kWh/($10^3 m^3 \cdot$ MPa)	《城市供水行业 2010 年技术进步发展规划及 2020 年远景目标》
资源	水资源利用率	85	%	行业通用经验值
	物理漏失率	15.6	%	六家示范水司数据平均值
	地表水厂自用水率	5	%	行业通用经验值
资产	水厂能力利用率	86.96	%	《城市供水行业 2010 年技术进步发展规划及 2020 年远景目标》
	配水系统调蓄水量比率	10	%	《给水排水设计手册》第 3 册《城镇给水》
	大中口径管道更新改造率	1	%	《城市供水管网漏损控制及评定标准》CJJ 92—2002
财经	产销差率	25	%	城市供水统计年鉴数据平均值
	主营业务利润率	16.1	%	《企业绩效评价标准值》
	产销差水量成本损失率	28	%	六家示范水司数据平均值
	资产负债率	57.7	%	《企业绩效评价标准值》
	当期水费回收率	95	%	行业通用经验值
人事	人均日售水量	255	m^3/(d·人)	城市供水统计年鉴数据平均值
	运行岗位持证上岗率	60	%	行业通用经验值
	中级及以上专业技术人员比率	10	%	行业通用经验值

6.3.2 绩效评估

绩效评估工作，可以是当前 24 个绩效指标的定量评估，也可以是定量评估与专家定性评估相结合进行综合评估。综合评估对指标实行打分制评价，总分为百分制，兼顾定量指标评估和专家定性评估两方面因素，其中定量指标评估占60分，专家定性评估占40分。两项评估得分总和即为绩效评估综合评估的最终得分。

评估工作周期一般为一年，由评估方（供水行业行政主管部门、行业协会或供水企业自身）根据评估目的，对当前可行的评估指标进行逐一评估和分析。

6.3.2.1 定量评估

（1）横向比指标评估

绩效指标等级划分为 5 个不同等级（★～★★★★★）。每颗星 0.5 分记，24 个绩效指标全部获得五颗星为满分60分。

评估中需将数据与指标基准值进行对比，横向基准值的设定及出处见表6-1。基准值默认为指标三星级的下限，而上下星级的参考值则依据行业通用经验值确定，详见表6-2。

（2）纵向比指标评估

绩效指标等级划分为 5 个不同等级（★～★★★★★）。每颗星 0.5 分记，24 个绩效指标全部获得五颗星为满分60分。

1）指标值变优，按趋势降低（增加）0～2% 对应三颗星，降低（增加）2%～5% 对应四颗星，降低（增加）5% 以上对应五颗星；

2）指标值变差，按趋势增加（降低）0～5% 对应二颗星，增加（降低）5% 以上对应一颗星。

对于纵向可比指标，以过去三年的历史均值为基准值。

（3）专家定性评估

专家组主要对被评估城市的企业管理、背景信息、数据真实性进行合理的评判，对数据反映的问题给出合适的判断。同时需要实地考察公司的安全管理、水质管理、水厂管理、管网管理等诸多方面，按照评估的目的和范围、根据事先划定的评分标准进行合理的评估。

总分为40分。每一项满分为 0.5～2.5 分，最小分值单位为 0.1 分。专家评分项目、评分范围、评分标准、各项分制及评分方式等基本信息，详细见表6-3。

6.3.3 补充评估

为推进和改善企业管理工作、除了对六大类指标进行综合评估外，还可针对具体需要或各地不同情况，对每一类别或每一个指标进行单项评估，或不定期地抽查评估。

供水绩效指标的基准值设定表

表6-2

指标名称	单位	基准值	评估等级划分					基准值出处
			★★★★★	★★★★	★★★	★★	★	
电话接通率	%	95	99≤X<100	97≤X<99	95≤X<97	90≤X<95	X<90	《城镇供水服务》CJ/T 316—2009
投诉处理及时率	%	99	X=100	99.5≤X<100	99≤X<99.5	90≤X<99	X<90	《城镇供水服务》CJ/T 316—2009
用户满意度	-	85	X≥95	90≤X<95	85≤X<90	65≤X<85	X<65	
管网修漏及时率	%	90	X=100	95≤X<100	90≤X<95	85≤X<90	X<85	《城市供水管网漏损控制及评定标准》CJJ 92—2002
居民家庭用水量按户抄表率	%	70	90≤X≤100	80≤X<90	70≤X<80	50≤X<70	X<50	《城市供水管网漏损控制及评定标准》CJJ 92—2002
新国标106项达标率	%	95	X=100	97≤X<99	95≤X<97	90≤X<95	X<90	《城市供水水质标准》CJ/T 206—2005；《生活饮用水卫生标准》GB 5749—2006
出厂水水质9项综合合格率	%	95	X=100	97≤X<99	95≤X<97	90≤X<95	X<90	《城市供水水质标准》CJ/T 206—2005
管网水水质7项综合合格率	%	95	X=100	97≤X<99	95≤X<97	90≤X<95	X<90	《城市供水水质标准》CJ/T 206—2005
管网压力合格率	%	97	100	97-100	97	95-97	<95	《城市供水行业2010年技术进步发展规划及2020年远景目标》
供水单位综合电耗	kWh/(1000m³·MPa)	380	X≤380	380≤X<400	400≤X<420	420≤X<440	X≥440	《城市供水行业2010年技术进步发展规划及2020年远景目标》
水资源利用率	%	85	X≥95	90≤X<95	85≤X<90	60≤X<85	X<60	

1

续表

指标名称	单位	基准值	评估等级划分					基准值出处
			★★★★★	★★★★	★★★	★★	★	
地表水厂自用水率	%	5	X≤2	2≤X<4	4≤X<5	5≤X<8	X≥8	
水厂供水能力利用率	%	86.96	95.24≤X<98.03	90.91≤X<95.24	86.96≤X<90.91	66.67≤X<86.96	X<66.67或X≥100	《城市供水行业2010年技术进步发展规划及2020年远景目标》
配水系统调蓄水量比率	%	10	X≥20	15≤X<20	10≤X<15	6≤X<10	X<6	《给水排水设计手册》第3册《城镇给水》
大中口径管道更新改造率	%	1	X≥2	1.5≤X<2	1≤X<1.5	0.5≤X<1	X<0.5	《城市供水管网漏损控制及评定标准》CJJ 92—2002
主营业务利润率	%	16.1	X≥31.5	23.9≤X<31.5	16.1≤X<23.9	10.7≤X<16.1	X<10.7	《企业绩效评价标准值》2011
资产负债率	%	57.7	X≤40.7	40.7<X≤50.1	50.1<X≤57.7	57.7<X≤65.7	X>65.7	《企业绩效评价标准值》2011
当期水费回收率	%	95	X=100	98≤X<100	95≤X<98	90≤X<95	X<90	
运行岗位持证上岗率	%	60	X≥90	70≤X<90	60≤X<70	50≤X<60	X<50	
中级及以上专业技术人员比率	%	10	X≥15	12≤X<15	10≤X<12	8≤X<10	X<8	
产销差率	%	25	X<18	18≤X<25	25≤X<30	30≤X<40	X≥40	六家水司平均值
产销差水量成本损失率	%	28	X<15	15≤X<25	25≤X<30	30≤X<40	X≥40	六家水司平均值
人均售水量	m³	255	X≥400	300≤X<400	255≤X<300	150≤X<255	X<150	六家水司平均值
物理漏失率	%	15.6	X<8	8≤X<12	12≤X<16	16≤X<20	X≥20	六家水司平均值

2

专家定性评估表   表6-3

类别	专家评分项目	评分参考	评分方法	实得分	说明
服务类	1. 客服基础建设 (3.0)	1. 客服是否建立统一24h热线； 2. 是否有公司独立网站用以发布消息	实地考察		
	2. 客服人员精神风貌、业务水平 (3.0)	客服人员是否精神饱满，热线应答是否礼貌专业	交谈询问，实地考察，专业测评		
	3. 营销服务水平 (3.0)	1. 是否有专业的营销网点，并可以通过银行、邮局或者网络实现代缴代付功能； 2. 抄表员是否抄表专业、服务态度良好	实地考察，交谈询问，专业测评		
	4. 数据填报可靠性和完整性 (1.0)	1. 数据是否来自当地政府信访办和消协有关供水"三来"的登记记录； 2. 数据是否来自第三方满意度调查结果记录； 3. 数据填报是否完整	实地考察		
服务类总分 (10.0)					
运行类	1. 水质管理 (2.0)	1. 水质实验室资格水平； 2. 水质管理制度及实施； 3. 在线监测水平	实地考察，专业测评		
	2. 计量管理 (2.0)	1. 计量认证水平； 2. 计量管理制度	实地考察		
	3. 安全管理 (1.0)	1. 安全制度； 2. 安全演练； 3. 是否发生安全事故	实地考察，查阅资料		
	4. 应急管理 (1.0)	1. 应急预案； 2. 应急演练； 3. 应急物资； 4. 以往突发事件响应	实地考察，查阅资料		
	5. 水厂管理 (1.0)	1. 厂容厂貌； 2. 生产报表； 3. 设备保养水平	实地考察		

续表

类别	专家评分项目	评分参考	评分方法	实得分	说明
运行类	6. 管网管理（1.0）	1. 管网管理制度及实施； 2. 管网管理信息化水平	实地考察，查阅资料		
	7. 工程管理（1.0）	1. 工程管理制度及实施； 2. 工程施工质量	实地考察，查阅资料		
	8. 数据填报可靠性和完整性（1.0）	1. 数据是否来自具有资质的水质检验实验室； 2. 数据填报是否完整	实地考察		
运行类总分（10.0）					
财务类	1. 财务制度（1.0）	财务制度是否合理完善	交谈询问，查阅资料		
	2. 财务机构设置（1.0）	财务结构是否合理完善	交谈询问，查阅资料		
	3. 财务人员业务水平（1.0）	财务人员业务水平	专业考评，交谈询问		
	4. 财务管理信息化水平（0.5）	使用专业的财务软件	实地考察		
	5. 财务风险评价（0.5）	1. 公司的现金流是否无风险； 2. 公司是否无不良信贷记录	查阅资料，交谈询问		
	6. 数据填报可靠性和完整性（1.0）	1. 数据是否已通过审计（外审、内审）； 2. 数据填报是否完整	实地考察		
财务类总分（5.0）					
资源类	1. 供水保障性（1.0）	1. 原水供水保障率是否高于95%； 2. 是否拥有备用水源	查阅资料，交谈询问，实地考察		
	2. 节水管理（1.0）	1. 是否使用节水器材； 2. 公司节水制度	实地考察，交谈询问		
	3. 节能管理（1.0）	1. 是否使用节能设备； 2. 公司节能制度	实地考察，交谈询问		

续表

类别	专家评分项目	评分参考	评分方法	实得分	说明
资源类	4. 水厂污泥处理（1.0）	水厂污泥是否无害化处理	实地考察，交谈询问		
	5. 数据填报可靠性和完整性（1.0）	1. 数据是否通过规定的正确测量方式测量得出； 2. 数据是否通过已有数据经过合理推算得出； 3. 数据填报是否完整	实地考察		
资源类总分（5.0）					
资产类	1. 资产保值（1.0）	1. 资产结构是否合理； 2. 资产收益率是否高，有无设置保险	交谈询问，查阅资料		
	2. 技改管理（1.0）	1. 年度技改资金投入； 2. 年度技改工作管理	交谈询问，查阅资料		
	3. 资产维修管理（1.0）	1. 年度资产维修投入； 2. 年度资产维修管理	交谈询问，查阅资料		
	4. 无形资产管理（1.0）	1. 文档、资料管理； 2. 是否拥有知识产权、专利等无形资产	交谈询问，查阅资料		
	5. 数据填报可靠性和完整性（1.0）	1. 数据是否通过规定的正确测量方式测量得出； 2. 数据填报是否完整	实地考察		
资产类总分（5.0）					
人事类	1. 企业文化建设（0.5）	1. 公司是否拥有统一的Logo、企业口号、企业精神等； 2. 公司在行业或当地是否有较高的认知度； 3. 员工对企业的认知度	交谈询问，查阅资料		
	2. 政府奖励、行业认证（0.5）	取得一项当地政府（市级）或行业奖项得0.1分，满分不超过0.5分	查阅资料		
	3. 人员培训（1.0）	员工每年有适当的培训机会	交谈询问，查阅资料		

类别	专家评分项目	评分参考	评分方法	实得分	说明
人事类	4. 人员流动及内部管理结构（1.0）	1. 人员流失比例； 2. 人员内部晋升机制	交谈询问，查阅资料		
	5. 公司内部员工绩效考核制度（1.0）	1. 公司是否采取绩效考核制度； 2. 绩效考核制度设置是否合理、完善	交谈询问，查阅资料		
	6. 数据填报可靠性和完整性（1.0）	1. 数据是否来自定期开展人事变动统计工作的人力资源部门（或劳资部门）的统计报表； 2. 数据填报是否完整	实地考察		
人事类总分（5.0）					
总分（40.0）					
专家意见及建议					

注：专家对于数据填报的可靠性判断，需依照"低数据质量传递"的原则，即供水绩效评估研究每个指标的计算过程中，若下级变量和数据中出现一个可靠性较低的数据，则整个指标和变量的可靠性就以该等级较低的数据的可靠性为准。

6.3.3.1 分类评估

绩效评估指标体系 24 个指标分为六大类，专家评估除了对六大类指标进行综合评估外，还可针对具体需要或各地不同情况，对每一类别进行单独评估。

6.3.3.2 抽查评估

为推进和改善企业管理工作、节省评估时间和成本、减轻被评估企业的接待负担，可以不定期地对一个或几个指标进行抽查评估。

6.4 绩效评估报告

绩效评估报告是上述评估工作的最终成果呈现方式。为统一城市供水行业绩效评估管理，本技术指南规定了绩效评估报告格式。无论企业自身应用绩效评估或行政监管机构均应采用统一的报告格式，以保持不同企业的可比性，并避免遗漏绩效评估的关键内容。

完整的绩效评估报告应至少包括以下内容：

1）摘要；

2）被评估方（企业）背景信息介绍；

3）绩效指标定量评估；

4）绩效指标专家定性评估；

5）绩效指标结果诊断及分析；

6）绩效评估有效建议。

生成的绩效评估报告，须由评估方和被评估企业进行意见沟通和反复后形成终稿，向公众公开或进行行业内交流。

第7章 供水绩效评估管理

7.1 目标和原则

7.1.1 管理目标

我国城市供水绩效评估管理的研究和推行，是针对长期以来我国供水管理部门分散、绩效指标体系不完善、信息共享渠道不畅通、企业经营效率不高、奖惩制度不明确、公众参与程度不高、企业管理水平可比度不强等问题而开展的。通过强化绩效管理，完善城市供水绩效管理的考核办法及激励机制，培育供水企业改革和发展的内生动力，完善行业监管和社会监督制度，通过科学化的评估和制度化的管理，促进供水企业不断提高生产效率和改进服务质量，提高供水行业的整体水平，进而促进城市供水行业健康发展。

7.1.2 管理原则

（1）统一指导、分级管理原则

国务院建设行政主管部门负责全国城市供水绩效评估管理工作，制定城市供水绩效评估管理的方法和标准，并对全国城市供水绩效评估管理工作进行指导和协调；省、自治区人民政府建设（供水）行政主管部门负责本行政区域内的城市供水绩效评估管理工作，对本省、自治区行政辖区范围内城市供水企业绩效评估管理工作进行指导和协调；城市人民政府供水行政主管部门负责本行政区域内的城市供水绩效评估管理工作。

（2）系统开放、数据共享原则

城市供水绩效评估管理系统依托统一的信息管理平台，即全国城市供水绩效评估管理信息平台。该信息平台具有远程数据上报、查询和分析等功能，为供水企业数据上报、研究机构的数据分析、管理部门和社会的数据查询提供支持和服务。该信息平台是个开放的系统，开放的程度、范围和方式由城市供水行政主管部门确定；另外，不同层级的信息管理系统要服从全国性平台的数据库架构与数据格式，保证数据的兼容和共享。

（3）公平公正、程序规范原则

城市供水绩效评估管理，坚持统一的评价方法和标准，遵循严格的评估程序和奖惩办法，做到评估管理过程公平公正、程序规范、结果真实有效。

（4）公开透明、公众参与原则

城市供水绩效评估管理，提供多渠道的信息发布和全过程的公众参与，保障评估过程和结果的公开透明。

（5）第三方独立评估与自我评估相结合的原则

供水企业是运行主体及绩效评估的客体，对供水企业绩效评估管理的自我评价是其优化内部管理的有效方式，其对绩效评估有内在需求，应当重视企业的自我评估过程及其对其结果的运用；但由于其自身利益局限，为了保障绩效评估的客观、真实，开展第三方独立评估是客观需要，目前，我国第三方评估机构还比较薄弱，需要政府加强培育和扶持第三方机构的发展。

（6）奖励与惩罚相结合的原则

绩效结果应用是绩效管理取得成效的关键，需要明确对考核对象的激励与约束机制，明确奖惩的方式和标准，明确奖惩的力度和目标，通过奖惩发出明确的引导信号。

7.2　评估标准和方法

7.2.1　评估标准

根据被评估单位法定职责和本行政区的经济社会发展规划、政府年度工作安排等，设置绩效评估与管理指标，确定评估标准，评估标准的设定应保持一定的连续性。评估标准的基本类型主要有：

（1）行业标准，包括国家设定的统一标准和以同行业的相关指标数据为样本，运用一定的统计方法计算和制定出的评价标准。

（2）计划标准，是以预先制定的项目目标、进度计划、项目预算等数据作为评价的标准。

（3）历史标准，是以本地区、本部门、单位或同类部门、单位绩效评价指标的历史数据作为样本，运用一定的统计方法计算出的各类指标历史水平。

（4）经验标准，是由行业专家根据实践经验，经过分析研究后得出的评价标准。

7.2.2 评估方法

（1）排序法

排序法主要建立在对供水企业绩效定量比较的基础上，包括单项指标结果排序和多项指标综合结果排序。需要说明的是，能够进行结果排序的指标通常是一种具有一般性的指标，这类指标不会因为供水企业间在水源、地理情况等方面的差异而受到太大影响，例如服务满意度指标。对于和水源情况、地理情况有密切关联的指标，则应根据差异情况设定权重，进行修正，以保证结果比较的相对客观性。

综合指标排序则需要对每一单项指标设定不同的权重，经过加权计算后，对最终结果进行排序。

（2）历史比较法

对于一些不适于在供水企业间进行横向比较的指标，可从时间维度进行纵向比较，包括：供水企业当期绩效与历史绩效的纵向比较，各个地方供水主管部门所管本行政区域的当期绩效与历史绩效的纵向比较，以及全国汇总的当期绩效与历史绩效的纵向比较。通过纵向比较评估一个企业的绩效是否得到改进。

（3）多维评估法

多维包括两层含义：一是对供水企业的考核是多方面的综合评估；二是内部评估和外部评估相结合，听取来自不同方面专家、学者、其他政府部门、第三方机构和公众对企业的评价。将日常考评、用户测评、企业自评、第三方专业评估和专家组考评相结合，保障评估结果的科学、公平、合理。

在编制绩效评估与管理报告时，应当全面、客观、准确地使用绩效数据，综合分析内部评估和外部评估的结果，客观反映被评估单位的绩效状况，并提出改进的意见和建议。

（4）定性评估法

定性评估应考虑到各地气候、地形以及水源状况的天然差异，地方经济发展水平的不同，定期组织行业专家对供水绩效评估做出主观判断，以弥补定量评估的不足，满足各地的差异化要求。定量评估可以直接发现问题；定性分析更有助于帮助企业找出问题，分析原因并提出解决措施。

（5）专项评估法

对于关键指标或急需提升全国整体水平的指标，可进行专项评估。各层级政府都可根据需要自行组织专项评估，不做强制性规定。如组织了专项分析，分析结果可作为供水绩效定期评估的参考。

7.3　评估组织实施

城市供水绩效评估管理工作的组织体系非常复杂，不仅涉及供水行政主管部门，也涉及众多其他的机构，如各级相关职能管理部门、城镇供水行业协会、城市供水企业、第三方评估机构，见图 7-1。

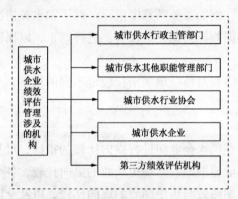

图 7-1　城市供水企业绩效评估管理相关机构示意图

由于我国城市供水绩效评估管理工作的必要性和复杂性，因此需要有执行力强的部门来主导供水绩效评估管理工作，各级城市供水行政主管部门本身分管城市供水工作，具备丰富的经验，加上从中央到地方具备完善的组织体系，因此自然就成为城市供水绩效评估管理的主管部门，承担领导供水绩效评估管理相关的职责。其他各级相关职能管理部门如水质监测机构等，实际与供水企业绩效评估管理的具体工作关系不大，主要是可以使用相应的评估和管理结果。

7.3.1　实施主体

各级供水行政主管部门自上而下包括三个层级，即：国务院建设行政主管部门、省（自治区）城市建设（供水）行政主管部门，城市供水行政主管部门。各级供水行政主管部门是供水绩效评估管理的实施主体和组织单位，各级供水行政主管部门职能分工不尽相同。

7.3.1.1　国务院建设行政主管部门

国务院建设行政主管部门为住房和城乡住建部，是最高级别的供水行政主管部门，凭借其地位、层级以及对下级供水行政主管部门的主导能力，最适合承担负责全国城市供水绩效评估管理工作，包括：发布绩效评价指标体系、制定绩效管理办法、建设和维护全国城市供水绩效评估管理信息平台、组织全国性或跨省区的绩效评估工作、发布全国城市供水绩效评估报告等。由住房和城乡住建部来统一主导全国城市供水绩效评估管理工作，可以避免不同城市评估标准的分散性和不可比较性，可以避免信息系统的重复建设和不兼容性，可以协调全国不同地区的绩效评估和管理工作，可以掌握全国城市供水企业的生产和经营状况。

国务院建设行政主管部门具体职责包括：

第一，对城市供水绩效评估管理工作实施统一领导、组织和协调，监督和指导下一级城市供水行政主管部门的绩效评估管理工作。

第二，制定与发布城市供水绩效评估的技术规范和管理办法，发布绩效评估技术规范，提出城市供水绩效评估的指标体系，确定指标选用原则、数据采集方法和指标考核方法；发布绩效评估管理办法，规定评估流程和评估方法，以及对评估结果的应用。

第三，负责全国城市供水绩效信息平台的建设和维护，也可以授权将该平台的建设和维护工作委托给中国城镇供水排水行业协会或其他机构，但责任主体为住房和城乡住建部。

第四，组织全国性或跨省区的城市供水绩效评估并发布评估报告，为全国供水行业规划和管理提供决策依据。报告可委托行业协会或第三方机构具体实施。

住房和城乡住建部可根据实际情况，定期或不定期发布绩效评估信息；根据掌握的情况发布全国或区域性的绩效评估报告；根据需要发布完整性或专项的城市供水绩效评估报告，如全国各城市水质检测报告、全国城市供水服务消费者满意程度报告等。发布的时间、内容和深度由住房和城乡住建部自行决定。

7.3.1.2　省（自治区）城镇供水行政主管部门

省、自治区、直辖市城市供水行政主管部门是本行政区域内组织实施绩效评估的责任主体，负责行政区域内的城市供水绩效管理工作。作为城市供水行政主管部门的中间层级机构，具体执行国家城市建设行政主管部门制定的相关政策，指导和协调本行政区内下一层级城市供水行政主管部门的绩效评估管理工作。可根据实际情况制定本行政区的供水绩效评估的必选指标和可选指标，出具本行政区的绩效评估管理报告。

省、自治区、直辖市城市供水行政主管部门具体职责包括：

第一，统一领导、组织本行政区域内的城市供水绩效评估管理工作，接受国家建设行政主管部门的指导，并监督和指导辖区内下一级城市供水绩效的评估管理工作。

第二，根据本省（自治区、直辖市）的实际情况，发布城市供水绩效评估管理办法实施细则和相关政策，如在住房和城乡住建部制定的城市供水绩效评估指标体系的基础上确定本行政区内供水绩效评估的必选指标和可选指标，强化供水企业绩效的横向比较等。

第三，负责本行政区域内城市供水绩效信息平台的建设和维护，也可以授权将该平台的建设和维护工作委托给城市供水行业协会或其他机构，但责任主体为省、自治区、直辖市城镇供水行政主管部门。

第四，省（自治区、直辖市）城市供水行政主管部门对本行政区内城市供水绩效进行评估，发布供水绩效评估报告，为本行政区内城市供水规划、投资和管理提供决策依据。报告可委托行业协会或第三方机构具体实施。

省（自治区、直辖市）城市供水行政主管部门可根据实际情况，定期或不定期发布本行政区域的绩效评估信息；根据需要发布本行政区域的完整性或专项的城市供水绩效评估报告，如省域城市水质检测报告、省域城市供水经营效益状况报告等。发布的时间、内容和深度由省（自治区、直辖市）城市供水行政主管部门自行决定。

7.3.1.3　城市供水行政主管部门

城市供水行政主管部门对上接受省（自治区）城市供水行政主管部门的业务指导，对下直接面对的是城市供水企业，即供水绩效评估管理的对象，因此是最具体和最直接的城市供水绩效评估管理的实施部门，全面执行国家和地区的技术规范和管理办法，组织开展针对供水企业的绩效评估，负责信息的发布和结果的应用管理。

城市供水行政主管部门具体职能包括：

第一，领导和组织针对城市供水企业的绩效评估管理，包括制定绩效评估计划、组织绩效评估实施、监督评估过程等。

第二，委托城市供水协会或第三方评估机构开展城市供水绩效评估的实施，监督评估机构按照程序规范开展独立评估，审查评估机构提交的评估报告。

第三，督促供水企业积极配合评估机构开展的评估工作，要求供水企业提供真实、准确的各类绩效数据和信息。

第四，负责城市供水绩效信息平台的建设和维护，也可以授权将该平台的建设和维护工作委托给城市供水行业协会或其他机构，但责任主体为城市供水行政主管部门。

第五，负责城市供水绩效评估报告的发布，公布的内容由城市供水行政主管部门确定。

城市供水行政主管部门可根据实际情况，定期或不定期发布本行政区域的绩效评估信息；根据需要发布本行政区域的完整性或专项的城镇供水绩效评估报告，如城市水质检测报告、城市供水经营效益状况报告等。发布的时间、内容和深度由城市供水行政主管部门自行决定。

第六，受理申诉的城市供水行政主管部门可通过重新审核数据、召开听证会、邀请专家论证等方式对申诉的问题进行复核并做出决定，做出复核决定。

第七，根据供水绩效评估结果，参照相关的管理办法对供水企业及其主要负责人进行考核，并进行相应的奖惩。

城市供水行政主管部门实施绩效评估管理时，可以采取的措施有：督促供水企业按时向绩效管理信息平台报送绩效数据；进入现场考察、询问或实施抽样评估；查阅相关报表、数据、原始记录等文件和资料；要求被评估的供水企业就有关问题做出说明；提出考核的书面意见并向供水企业进行通报等。

7.3.1.4 其他职能管理部门

其他各级相关职能管理部门，主要包括：卫生部门、国有资产监督管理机构、物价行政管理部门等，这些部门在城市供水绩效评估管理工作上并没有具体的职能，主要履行监督职能。

卫生部门对城市饮用水水质进行监管；国有资产监督管理机构对涉及供水企业的国有资产进行监管；物价行政管理部门对水价确定及调整进行管理。具体来说，这些职能管理部门可以与相应层级的城市供水行政主管部门共享城市供水绩效评估管理的过程和结果等信息，使用相应层级的城市供水绩效评估报告。

7.3.2 实施客体

城市供水企业是绩效评估的对象，是绩效数据的主要来源，也是考核奖惩的客体。在供水绩效评估管理过程中，城市供水企业应积极配合评估机构的评估工作，并健全完善供水企业的自我评估工作，协助供水行政主管部门做好绩效评估管理工作。

城市供水企业的具体职责包括：

第一，确定企业供水绩效目标，编制供水绩效提升计划，并报所在地政府供水行政主管部门备案。制定供水绩效自我评估管理制度，提高绩效管理水平。

第二，按所在地城市供水行政主管部门的要求，在规定的时间内，准确提供企业自身真实有效的绩效数据，并将数据上传至城市供水绩效评估管理信息平台，接受公众关于城市供水绩效信息的查询。在城市供水绩效评估管理信息平台包括两类绩效指标，一类是全国和省规定的必填指标，另一部分是其他可选指标，城市供水企业可自行决定是否填报这些可选指标。

第三，开展绩效自我评估工作。针对供水企业的各个业务单元，筛选不同的绩效评估指标；确定供水企业的绩效目标，包括年度目标和五年目标。年度目标以短期绩效为主，五年目标以长期绩效为主，五年绩效目标可依据当年绩效情况进行调整；由专人负责，进行各个业务单元的绩效评估，并撰写绩效评估报告。

第四，对绩效评估报告所指出的问题及时整改，不断提高企业经营和服务水平。

第五，被评估企业对供水绩效评估报告有异议，可向实施评估管理的城市供水行政主管部门申诉。

第六，供水企业应免费提供本企业绩效信息手册，包括在营业场所提供小册子、在互联网站提供下载等。

7.3.3　第三方评估机构

7.3.3.1　城市供水行业协会

中国城镇供水行业协会在水务行业中发挥着非常重要的作用，它是全国性、行业性、非营利性的社团组织，其会员由各城市供水、排水、节水企事业单位，地方城镇供水（排水）协会，相关科研、设计单位，大专院校及城镇供水排水设备材料生产企业和个人组成。中国城镇供水排水协会接受住房和城乡建设部、民政部的业务指导和监督管理，其业务范围涉及城镇供水、排水包括污水处理和污水再生利用及城镇节水等。中国城镇供水排水协会不像国外水务行业协会那样具备较强的独立性，它是在政府的指导和监督下开展工作。

中国城镇供水排水协会的优势是在执行政策或具体实施相关工作时具有较强的执行能力。特别是在我国城市供水绩效管理工作刚刚启动的时期，可以依托其庞大的会员单位、强有力的组织能力来推广并具体执行城市供水绩效管理工作。受城市供水行政主管部门的委托，城市供水行业协会可以承担城市供水绩效评估管理的具体组织和实施工作。具体职责包括：

第一，接受国家建设行政主管部门的委托，中国城镇供水排水协会组织对第三方评估机构资格的认定。

第二，接受行政主管部门的委托，分级进行城市供水绩效评估管理信息平台的建设和维护。

第三，接受行政主管部门的委托，作为城市供水绩效评估机构开展城市供水企业绩效评估，并向城市供水主管部门提交评估报告。

第四，协助供水行政主管部门制定和修改绩效评估技术指南和管理办法。

第五，组织城市供水企业之间的交流活动，开展城市供水绩效评估管理体系的推广、应用和培训。可举办城市供水企业绩效评估经验交流会议，对城市供水绩效评估工作进行总结，对供水绩效评估过程中发现的问题进行分析并寻找对策。

7.3.3.2　第三方独立评估机构

城市供水行业协会由于和政府有着密切的关系，还不是真正意义上的独立的第三方机构。第三方独立评估机构是指高等院校、科研机构、社会团体或企业等独立于政府和被评估供水企业的技术咨询服务机构，它具备专业性和客观性。

第三方机构的参与是保证城市供水绩效评估管理工作公正性和独立性的重要途径，它受城市供水行政主管部门或行业协会委托开展城市供水绩效评估工作，具体职责包括：

第一，接受行政主管部门的委托，对城市供水企业的绩效开展评估工作，并向城市供水行政主管部门提交评估报告。

第二，接受行政主管部门的委托，进行城市供水绩效评估信息管理平台的建设和维护。

7.4 评估过程管理

一个完整的绩效评估一般包括四个环节：设立绩效目标、绩效实施与跟踪、绩效评估与绩效反馈，同时这四个环节应成为一个闭合的循环体系。

7.4.1 设立绩效目标

开展城市供水绩效评估工作，需要制定详细、可操作的绩效评估工作计划，编写工作方案，包括评估机构选择和队伍建设、工作的进度要求、评估的内容和精度要求、评估的程序、评估的手段和方法、评估的质量控制等。

绩效评估管理是一项协作性活动，由工作执行者和管理者共同承担。因此，设定绩效目标前，主管部门应当提前和供水企业进行充分沟通，了解企业的实际情况，共同制定目标，保证目标的合理性和可达性，在此基础上，被管理者要对自己的工作目标做出一定承诺。绩效目标应指向明确、具体细化、合理可行，尽量采用量化的标准、数值或比率表示。

绩效目标包括短期目标和长期目标。短期目标主要可包括预期提供服务的数量目标、质量目标、时效目标、经济目标以及服务对象满意度目标等，主要考核供水企业年度的经营绩效和服务水平。长期目标以政策、供水规划、固定资产投资等长期绩效为主，长期绩效目标可依据行业发展情况进行调整，长期可设定为5年。

供水绩效评估程序图7-2所示。

7.4.2 实施与跟踪

供水企业根据设定的绩效目标，制定相应的实施措施，例如将指标进行分解，落实到具体的执行部门或个人。运营过程中，企业根据实时运营绩效情况和

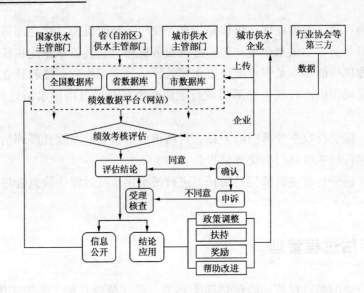

图 7-2　供水绩效评估程序示意图

设定的绩效目标进行比较，找出差距、问题，调整实施措施。

主管部门在此过程中，可跟踪供水企业的经营情况，对发现的问题及时予以解决，指导和纠正出现的偏差，帮助供水企业实现绩效目标。

7.4.3　绩效评估

7.4.3.1　组织管理

城市供水绩效评估的具体工作，各级政府供水行政主管部门和供水企业可以委托行业协会或具有相应资格的第三方机构组织和评估。具有相应资格的第三方由国务院建设行政主管部门委托中国城镇供水排水协会以招标的方式确定。

城市供水企业应每年进行一次自我绩效评估，也可以委托第三方机构进行评估。第三方评估的结果可以作为政府主管部门考核的参考依据。

城市供水主管部门至少每两年对供水企业进行一次绩效评估，具体办法和方式可由当地政府根据实际情况确定。

城市供水行政主管部门实施绩效评估管理时，可以采取以下措施：督促供水企业按时向绩效管理信息平台报送绩效数据；进入现场考察、询问或实施抽样评估；查阅相关报表、数据、原始记录等文件和资料；要求被评估的供水企业就有关问题做出说明；提出绩效评估书面意见并向供水企业进行通报。

实施绩效评估，不得妨碍供水企业正常的生产经营活动。城市供水行政主管部门及其工作人员对知悉的被评估企业的商业秘密负有保密义务。城市供水行政主管部门依法实施绩效评估管理，有关单位和个人不得拒绝或者阻挠。被评估单位应当提供工作方便。

国务院建设行政主管部门发布全国城市供水绩效管理总体报告；省、自治区人民政府建设（供水）行政主管部门发布本行政辖区内城市供水绩效管理汇总报告。城市人民政府供水行政主管部门发布本行政辖区内城市供水绩效管理报告，并报省、自治区人民政府建设（供水）行政主管部门备案。各级城市供水行政主管部门应在每年六月底之前完成并发布城市供水绩效管理年度报告。

7.4.3.2 绩效数据采集

采集真实有效的绩效数据是进行绩效评估的关键，数据采集的方式主要有：供水企业向绩效管理信息平台报送的绩效数据、进入现场考察或查阅获得的数据、实施现场检测获得的数据、第三方专项评审机构提供的评审报告、抽样调查获得的数据、统计分析获得的数据、行政管理部门提供的数据等。

数据上报时，城市供水行政主管部门督促供水企业及时准确上报数据，并负责部分绩效数据的获取、核实及上报工作。城市供水行政主管部门可以委托行业协会或第三方机构进行数据采集、整理、汇总或对城市供水企业报送的数据进行抽查核实。若存在问题应当责成相关责任单位及时整改。

城市供水企业应当在规定的时间内及时上报数据。规范数据采集和报送程序，实行专人负责，确保数据的及时性、准确性、真实性和完整性，避免出现漏报、瞒报、虚报和错报等现象。

城市供水行政主管部门应当跟踪、监督供水企业数据上报情况，对存在的问题责成供水企业及时改进。对于企业上报的其他数据，主管部门也可根据需要进行核查。核查的方法包括：与历史数据进行比较、调研和抽查。

7.4.3.3 绩效信息管理

国务院建设行政主管部门批准使用的《城市供水绩效指标手册》，确定全国统一的普遍性指标和参考性指标。省、自治区、直辖市政府建设（供水）行政主管部门在全国统一的必选指标基础上确定本行政辖区的普遍性指标和参考性指标，参考性指标在全国统一的参考性指标中选择。

国务院建设行政主管部门另行颁布相关指南，确定具体绩效评估流程和评估方法。

国务院建设行政主管部门委托中国城市供水排水协会负责城市供水绩效信息平台的建设和维护，并针对不同层级的供水行政主管部门，设置分层分级的数据库管理权限。其他层级供水行政主管部门开发的绩效信息平台，必须服从全国性平台的数据库架构与数据格式，从技术上保证数据的兼容与共享。

城市供水企业应当规范数据采集和报送程序，实行专人负责，确保数据的及时性、准确性、真实性和完整性，避免出现漏报、瞒报、虚报和错报等现象。城市供水企业从事供水绩效数据收集与录入的人员，应当经专业培训合格后上岗。

7.4.4　绩效指导与反馈

绩效评估的一个重要的目的是通过绩效比较，使供水企业了解自己的绩效水平，认识自己有待改进的方面。绩效评估结束后，主管部门应通过指导及时帮助供水企业找到问题及原因，提出具有针对性的建议，调整下年度的政策，在帮助供水企业提高绩效的同时，也有利于主管部门不断提升自身的管理水平和能力。

7.4.5　公众参与

公众参与绩效信息交流与沟通也是提升绩效的重要环节。因为社会公众只有充分地了解政府及其活动，才能做出客观的评定；政府只有充分地了解社会公众，才能提供他们所需要的服务。政府公共部门与社会公众之间进行的信息交流与沟通，主要包括：政府公共部门向社会公众传递的各类信息；社会公众向政府公共部门传递与反馈的信息，如对服务种类和服务质量的要求，对服务的满意程度，对公共服务与资源的选择等。

（1）公众的知情权

公众有权获取城市供水行政主管部门向社会公布的绩效评估报告。

（2）获取信息的渠道

城市供水行政主管部门应当为公众获取绩效报告提供便利，包括在办公场所提供免费小册子、在互联网站提供免费下载等。供水企业应免费提供本企业绩效信息手册，包括在营业场所提供小册子、在互联网站提供下载等。

（3）公众参与方式

公众对绩效评估结果有意见、建议或异议的，有权向城市供水企业反映，也可以直接向所在城市政府供水行政主管部门反映。可以采取通过网络、电话等方式参与对企业绩效的监督，还有一种参与方式是消费者组成的组织，例如用水消费者协会，协会的成员包括个人，也包括用水大户等，协会作为一个社会组织机构参与绩效管理中。行政主管部门可要求供水企业加强与消费者协会的沟通，听取他们的意见。行政主管部门在组织评估时，可邀请消费者协会代表参与。

城市供水主管部门和城市供水企业应积极对待公众的意见和建议，对公众反映集中和强烈的问题应及时调查并整改。

7.5 评估结果管理

7.5.1 绩效评估结果发布

国务院建设行政主管部门发布全国城市供水绩效评估总体报告；省、自治区、直辖市人民政府建设（供水）行政主管部门发布本行政辖区内城市供水绩效评估汇总报告。

城市人民政府供水行政主管部门发布本行政辖区内城市供水绩效评估报告，并报省、自治区人民政府建设（供水）行政主管部门备案。

各级城市供水行政主管部门发布城市供水绩效评估年度报告，并应在每年六月底之前完成。不定期和专项城市供水绩效评估结果的公布时间由决定进行该项评估的城市供水主管部门确定。

城市供水绩效评估报告应向相关政府部门、供水企业和社会公众公布，公布的内容和范围由城市供水行政主管部门根据分级管理原则决定。

7.5.2 绩效评估结果应用

7.5.2.1 供水企业应用

城市供水企业是绩效评估的对象，供水企业可积极使用绩效估报告，发现评估报告指出的问题，采取针对性的措施进行自我完善，有效提高企业的管理能力和服务水平，提高经营绩效。

城市供水企业绩效评估结果纳入城市政府对供水企业的考核，可作为供水企业向城市物价主管部门提出水价调整建议的依据。

城市供水企业绩效评估结果纳入城市政府或国有资产监督管理等部门对企业负责人的业绩考评。

供水行政主管部门可委托供水协会组织行业内的供水绩效经验的交流会议，帮助企业提高服务水平和经营绩效。

7.5.2.2 供水行政主管部门应用

国务院城市建设行政主管部门依据评估结果，调整全国供水政策、发展规划等；省、自治区、直辖市政府城市供水行政主管部门依据评估结果调整本省、自治区的行业政策和发展规划，并向城市供水企业提出绩效改进建议；城市政府供水行政主管部门依据评估结果对供水企业实施奖励或惩罚，并调整本市供水政策、发展规划和投资计划等。

7.5.3 绩效评估结果的申诉和复核

做出初步评估结果后，城市供水绩效评估报告应向相关政府部门、供水企业和社会公众公布，设定一定的公示期，公布的内容和范围由城市供水行政主管部门根据分级管理原则决定。在此期间内，被评估企业对供水绩效评估报告有异议的，可向实施评估管理的城市供水行政主管部门申诉。

受理申诉的城市供水行政主管部门可通过重新审核数据、召开听证会、邀请专家论证等方式对申诉的问题进行复核并做出决定，做出复核决定后，被评估企业不得就同一问题再次申诉。

供水企业对奖惩决定有异议的，可向做出该决定的城市供水行政主管部门的本级人民政府或上级政府的城市供水行政主管部门申请行政复议；行政复议依照相关法律规定办理。

7.5.4 奖励与处罚

城市供水行政主管部门有权对在绩效考核中达到绩效目标的城市供水企业进行奖励，对未达到目标的予以处罚，并帮助其改进。

（1）奖励方式

城市政府供水行政主管部门依据评估结果对供水企业实施奖励，奖励的方式可包括：一是进行表彰、授予荣誉；二是进行现金奖励；三是为长期表现良好的企业在融资上提供优惠支持，例如利息率上进行补贴或为企业融资进行担保等。

（2）惩罚措施

可实行的惩罚措施包括：一是通报；二是罚款；三是对企业在水价调整上实行较为严格的限制；四是更严格的质量标准或对企业执行更频繁的检查。

第 8 章　供水绩效评估案例

本章介绍供水绩效评估案例，目的是鼓励并支持其他供水企业参与城市供水绩效评估，为国内其他供水企业的绩效评估提供参考。该案例摘编自国家"十一五"水体污染控制与治理科技重大专项"城市供水评估体系研究与示范"课题（课题编号：2009ZX07419‐006）。

供水绩效评估是利用适当的绩效指标，将供水企业业绩转化为易懂信息的过程，是企业内部从数据采集、分析、评估、报告，到内外沟通供水绩效的一项程序和管理模式。案例评估指标采用第 2 章的绩效指标中的普遍性指标（见图 2‐7），评估标准采用第 6 章的绩效指标行业基准值（见表 6‐1），评估方式综合评估（即定量评估与定性评估相结合，定量评估采取企业间横向比较的方式），评估流程参见图 6‐1。由于数据采集与校核由绩效信息管理平台实现，因此本章只介绍评估流程中的定量评估（横向比较）、定性评估以及改进建议等。

8.1　定量评估（横向）

如第 6 章所述，横向评估指标等级分为五星至一星的 5 个不同等级。每颗星 0.5 分记，24 个指标全部获得五星为满分 60 分。评估中需将数据与指标行业基准值进行对比，基准值默认为指标三星级的下限，而上下星级的参考值则依据行业通用经验值确定（见表 6‐2）。

评估案例企业（以下简称 X 公司）和参与横向评估其他 5 家供水企业（以下简称 M1、M2、M3、M4 和 M5 公司）均为课题示范供水企业，各公司基本情况见表 8‐1。

示范供水企业基本情况　　　　　　　　　　　表 8‐1

供水企业	X	M1	M2	M3	M4	M5
原水类型	地表水	地表水	地表水	地表水	地表水	地表水
取水方式	泵房	重力 + 泵房	泵房	泵房	泵房	泵房
主体工艺	传统工艺	传统工艺	传统工艺	传统工艺	传统工艺	传统工艺
服务面积	—	219.8km²	135.1km²	70km²	30km²	48km²

供水企业	X	M1	M2	M3	M4	M5
服务人口	100 万人	307 万人	63 万人	52 万人	40 万人	50 万人
供水能力	27 万 t/d	95.5 万 t/d	38 万 t/d	32.5 万 t/d	29 万 t/d	27 万 t/d
信息化系统	GIS、SCADA	GIS、SCADA 管网建模	GIS、SCADA 管网建模	GIS	GIS 管网建模	SCADA

注：X 公司为供排水一体化水务企业。

8.1.1　服务类绩效评估

（1）电话接通率

2011 年，X 公司电话接通率为 62.2%，横向评估星级数为 ★，评估得分 0.5 分。2006~2011 年，X 公司及其他纳入对比的平行企业的电话接通率情况见图 8-1。

X 公司的电话接通率水平连续低于基准线 95%，并在近 3 年内明显下降，电话接通率较低会导致水务公司的用户满意度下降。建议加大服务电话的接听，尽量向公共服务领域的电话服务的"铃响三声有应答"的标准靠拢，提高用户满意度。

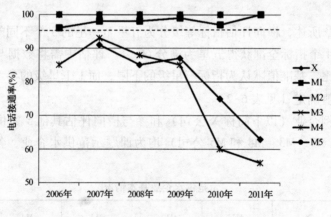

图 8-1　电话接通率对比图

（2）投诉处理及时率

2011 年，X 公司投诉处理及时率为 95.57%，横向评估星级数为 ★★，评估得分 1.0 分。2006~2011 年，X 公司及其他纳入对比的平行企业的投诉处理及时率情况见图 8-2。

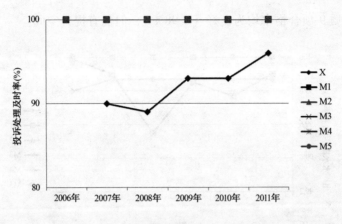

图 8-2　投诉处理及时率对比图

　　建议 X 公司在接到客户反映售后服务问题的电话或投诉后，对短时间内无法处理解决的问题，在 2h 内通过电话回馈、抵达现场等方式告知用户处理期限或约期。对于客户反映无水和水质问题，应在 12h 内到场处理，调查分析原因。

　　（3）用户满意度

　　X 公司用户满意度暂未开展第三方的评估数据，建议日后补充。

　　（4）管道修漏及时率

　　2011 年，X 公司管道修漏及时率为 100%，横向评估星级数为★★★★★，评估得分 2.5 分。

　　（5）居民家庭用水量按户抄表率

　　2011 年，X 公司居民家庭用水量按户抄表率为 89.8%，横向评估星级数为★★★★，评估得分 2.0 分。

8.1.2　运行类绩效评估

　　（1）新国标 106 项水质合格率

　　由于新国标 106 项指标于 2012 年 7 月 1 日全部实施，所以评估期（2011 年）内并未采用该指标。

　　（2）出厂水水质 9 项合格率

　　2011 年，X 公司出厂水水质 9 项合格率为 99.99%，横向评估星级数为★★★★，该项指标评估得分为 2.0 分。2006～2011 年，X 公司及其他纳入对比的平行企业的出厂水水质 9 项合格率情况见图 8-3。

　　出厂水水质 9 项按《城市供水水质标准》CJ/T 206—2005 执行，检测频率每日不少于一次，检测限值按《生活饮用水卫生标准》GB 5749—2006 执行。X 公司出厂水水质9项合格率均为良好（>98%），但仍有提升空间。

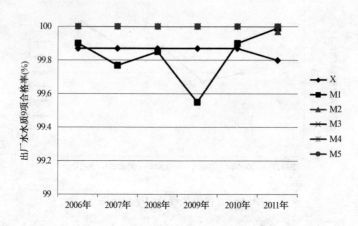

图8-3　出厂水水质9项合格率对比图

（3）管网水水质7项合格率

2011年，X公司管网水水质7项合格率为99.93%，横向评估星级数为★★★★，该项指标评估得分为2.0分。

（4）管网压力合格率

2011年，X公司管网压力合格率为99.6%，该指标横向评估星级数为★★★★，该项指标评估得分为2.0分。2006～2011年，X公司及其他纳入对比的平行企业的管网压力合格率情况见图8-4。

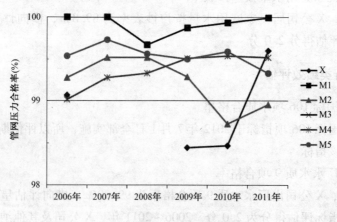

图8-4　管网压力合格率对比图

（5）供水综合单位电耗

2011年，X公司该指标值高达393.82kWh/（1000m³·MPa），横向评估星

级数为★★★★，该项指标评估得分为 2.0 分。2006～2011 年，X 公司及其他纳入对比的平行企业的供水综合单位电耗情况见图 8-5。

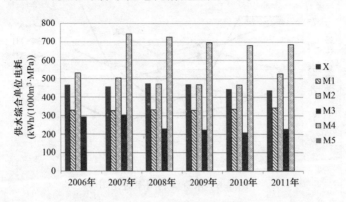

图 8-5　供水综合单位电耗对比图

在自来水制水行业，风机、水泵是主要耗能设备，因此电机的合理配制和高效运行对电力资源的优化应用具有重要意义，电机的节能具有广阔空间。建议 X 公司开展单泵机组效率测试，合理应用变频调速装置技术，并且对泵进行最佳运行组合，以达到显著地节能效果。

8.1.3　资源类绩效评估

（1）水资源利用率

2011 年，X 公司从取水到用户整个系统的水资源利用率仅为 62.37%，横向评估星级数为★★，该项指标评估得分为 1.0 分。2006～2011 年，X 公司及其他纳入对比的平行企业的水资源利用情况见图 8-6，X 公司的水资源利用率相对较低，主要原因是产销差率过高，建议采用分区计量、管网巡检和表务管理等方法降低公司产销差水量。

（2）物理漏失率

基于水平衡分析，2011 年 X 公司的物理漏失率仅为 8.5%，横向评估星级数为★★★，该项指标评估得分为 2 分。2006～2011 年，X 公司及其他纳入对比的平行企业的物理漏失情况见图 8-7。

X 公司的物理漏失率相对较低，但其产销差率较高，因此建议公司加强管理相关的水量损失降低工作，如水量计量管理、偷盗水稽查等。

（3）自用水率

2011 年，X 公司的自用水率为 4.73%，横向评估星级数为★★★，评估得分 1.5 分。2006～2011 年，X 公司及其他纳入对比的平行企业的自用水率情况见图 8-8。

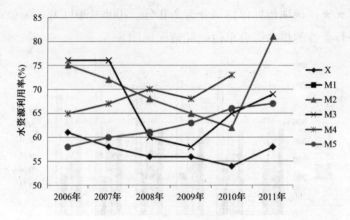

图 8-6　水资源利用率对比图

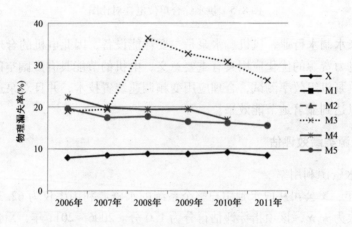

图 8-7　物理漏失率对比图

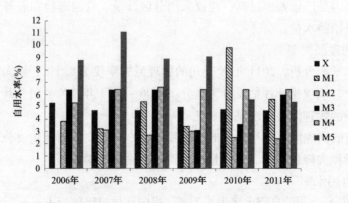

图 8-8　自用水率对比图

X公司的自用水率近6年间均稳定在5%左右，处于较好水平，但调研发现厂区内流量计长期未校验，应加强计量仪表的日常维护和管理。

8.1.4 资产类绩效评估

（1）水厂能力利用率

2011年，X公司水厂为69.60%，横向评估星级数为★★，该项指标评估得分为1.0分。2006～2011年，X公司及其他纳入对比的平行企业的水厂能力利用率情况见图8-9。

X公司此项指标较低的原因是水厂的设计能力一直沿用水厂建成时的数据，由于国标的修改以及一些水厂的老化，实际的供水能力已经小于其建成时的供水能力。

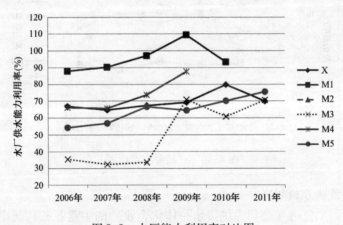

图8-9 水厂能力利用率对比图

（2）配水系统调蓄水量比率

2011年，X公司配水系统调蓄水量比率为18.32%，横向评估星级数为★★★★，该项指标评估得分为1.5分。

（3）大中口径管道更新改造率

2011年，X公司的大中口径管道更新改造率6.0%，横向评估星级数为★★★★★，得分为3.0。X公司自2007年起记录该项数据，2008～2009年对管网进行了集中的大规模改造，改造率分别为21.4%和23.2%，之后维持6%左右的更新率，维护力度较高。在国内同行业单位中，M1公司没有相关数据记录，M2公司近6年没有发生过大规模的管网更新。M3公司从2010年起才开始采集该项指标，近两年改造率分别达到8.2%和6.1%。

8.1.5　财经类绩效评估

（1）产销差率

2011 年，X 公司产销差率为 42.24%，横向评估星级数为★，该项指标评估
得分为 0.5 分。2006～2011 年，X 公司及其他纳入对比的平行企业的产销差率情
况见图 8-10。

X 公司 40% 左右的产销差处于较差水平，产销差率居于 6 个供水企业之首。
产销差水量的组成非常复杂，除管网漏失部分外，管理不善也可导致漏失问题。

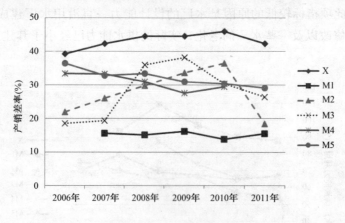

图 8-10　产销差率对比图

（2）主营业务利润率

2011 年，X 公司（公司为供排水一体化企业）的主营业务利润率为 7.35%，
由于污水利润相对较高，所以供水主营利润处于亏损状态，因此星级数为★，该
指标的横向评估得分为 0.5 分。2006～2011 年，X 公司及其他纳入对比的平行企
业的主营业务利润率情况见图 8-11。

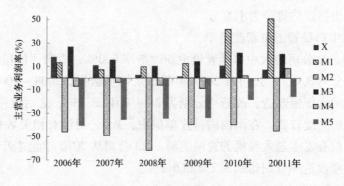

图 8-11　主营业务利润率对比图

（3）产销差水量成本损失率

2011 年，X 公司的产销差水量成本损失率为 17.5%，星级数为 ★★★★，该指标的横向评估得分为 2 分。

（4）资产负债率

2011 年，X 公司的资产负债率为 70.4%，星级数为 ★，该指标的横向评估得分为 0.5 分。2006~2011 年，X 公司及其他纳入对比的平行企业的资产负债率情况见图 8-12，公司长期偿债能力较为薄弱，发展存在一定的财务风险，建议公司恰当合理地利用财务杠杆来为公司运营增效。

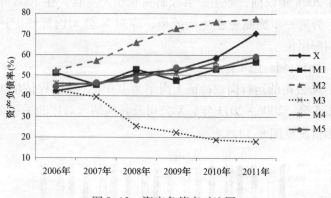

图 8-12　资产负债率对比图

（5）当期水费回收率

2011 年，X 公司的当期水费回收率为 97.6%，星级数为 ★★★，该指标的横向评估得分为 1.5 分。2006~2011 年，X 公司及其他纳入对比的平行企业的当期水费回收率情况见图 8-13。

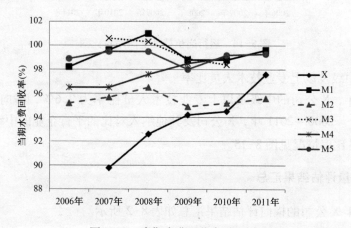

图 8-13　当期水费回收率对比图

水费回收率是报告期内实收水费与应收水费的比率，实收水费中不包括报告期内收回的上期欠费。X 公司 2009 年以前，水费回收率均较低，2011 年得到明显改善，增至 97.6%。

8.1.6 人事类绩效评估

（1）人均日售水量

2011 年，X 公司的人均日售水量为 98.11m³，星级数为★，该指标的横向评估得分为 0.5 分。

X 公司在 2008 年以前，职工总数控制在 656 人左右，在 2008 年后职工总数增加 300 人。为进一步提高企业生产效率，应对 X 公司内部职工进行一定的精简，并合理调配岗位。

（2）运行岗位持证上岗率

2011 年，X 公司的运行岗位持证上岗率为 100%，横向评估星级数为★★★★★，得分 2.5 分。2006～2011 年，X 公司及其他纳入对比的平行企业的运行岗位持证上岗率情况见图 8-14。

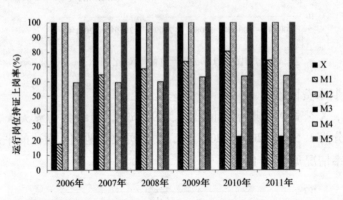

图 8-14 运行岗位持证上岗率对比图

（3）中级及以上专业技术人员比率

2011 年，X 公司的中级及以上专业技术人员比率为 7.6%，横向评估为★，得分 0.5 分。2006～2011 年，X 公司及其他纳入对比的平行企业的中级及以上专业技术人员比率情况见图 8-15。

8.1.7 定量评估结果汇总

2011 年 X 公司的横向评估结果汇总如表 8-2 所示。

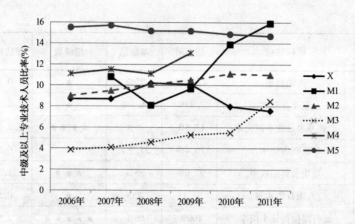

图8-15 中级及以上专业技术人员比率对比图

横向评估得分汇总表

表8-2

指标分类/ 总分	指标名称	指标值	基准值	星级数	评估得分	得分
服务类指标/ 12.5	电话接通率	62.22%	95.0%	★	0.5	6
	投诉处理及时率	95.57%	99.0%	★★	1.0	
	用户满意度		85%			
	管道修漏及时率	100%	90%	★★★★★	2.5	
	居民家庭用水量 按户抄表率	89.91%	70.0%	★★★★	2.0	
运行类指标/ 12.5	出厂水水质9项合格率	99.99%	95%	★★★★★	2.0	8
	管网水水质7项合格率	99.93%	95%	★★★★	2.0	
	管网压力合格率	99.6%	97%	★★★★	2.0	
	供水综合单位电耗 （kWh/（10^3m^3·MPa））	393.82	380	★★★★	2.0	
资源类指标/ 7.5	水资源利用率	62.37%	87%	★★	1.0	4.5
	物理漏失率	8.46%	15.6%	★★★★	2.0	
	自用水率	4.73%	5%	★★★	1.5	
资产类指标/ 7.5	水厂供水能力利用率	69.6%	87%	★★	1.0	5.5
	配水系统调蓄水量比率	18.32%	10.0%	★★★★	2.0	
	大中口径管道更新改造率	6%	1.0%	★★★★★	2.5	

续表

指标分类/总分	指标名称	指标值	基准值	星级数	评估得分	得分
财经类指标/12.5	产销差率	42.24%	25%	★	0.5	5
	主要业务利润率	7.35%	16.1%	★	0.5	
	产销差水量成本损失率	17.5%	28%	★★★★	2.0	
	资产负债率	70.4%	57.7%	★	0.5	
	当期水费回收率	97.6%	95%	★★★	1.5	
人事类指标/7.5	人均日售水量	98.11	255	★	0.5	4
	运行岗位持证上岗率	100%	60%	★★★★★	2.5	
	中级及以上专业技术人员比率	7.6%	10%	★	0.5	
横向评估总得分/		33				

8.2 定性评估

专家组经过现场调研、考察及资料分析，对 X 公司的当前生产能力、技术水平以及管理水平做出诊断和分析，对水厂的各类运行情况进行专家评估。采用打分制，总分为 40 分，最小分值单位为 0.1 分，见表 8-3。

（1）服务管理：客服人员精神面貌和营销服务水平方面做得较好，但是客服热线的接通率较低，公司尚无开展第三方满意度调查，数据填报可靠性受到一定影响。

（2）运行管理：安全、管网和工程方面做得较好，但是实验室监测、在线监测设备维护不佳，计量仪表校核、设备长期维护不足，数据填报可靠性方面缺少水质数据质量控制环节。

（3）财务管理：财务管理整体较好，但是资产负债率稍高。

（4）资源管理：资源管理整体较差，无相应节水器材、无节能设备和相应制度，水厂污泥也没有无害化处理，但供水安全保障性较高，数据质量相当可靠。

（5）资产管理：技改、无形资产、数据填报方面较好，但存在资产维修力度不足。

（6）人事管理：企业文化、行业认可、考核制度、数据填报方面较好，但人员培训方面存在不足。

表 8-3

定性评估得分汇总表

类别	专家评分项目	评 分 参 考	评估方法	得分	扣分原因	类别总分
服务管理 (8.0)	1. 客服基础建设 (2.5)	1. 客服是否建立统一24h热线； 2. 是否有公司网站用以发布消息	实地考察	2.4	较好	7
	2. 客服人员精神风 貌、业务水平 (2.0)	客服人员是否精神饱满、热线应答是否礼貌 专业	交谈询问 实地考察 专业测评	1.8	较好	
	3. 营销服务水平 (2.5)	1. 是否有专业的营销网点，并可以通过银行、 邮局或者网络实现代缴代付功能； 2. 抄表员是否态度专业、服务态度良好	实地考察 交谈询问 专业测评	2.3	较好	
	4. 数据填报可靠性 (1.0)	1. 数据是否来自当地政府信访办和相关供 水"三来"的登记记录； 2. 数据是否来自第三方满意度调查结果记录	实地考察	0.5	尚无第三方满意度调查结果	
运行管理 (10.0)	1. 水质管理 (2.0)	1. 水质实验室资格水平； 2. 水质管理制度及实施； 3. 在线监测水平；	实地考察 专业测评	1.0	1. 实验室监测条件落后，实验室 尚无资质认定，水质管理制度一般； 2. 在线监测设备维护不佳	6.2
	2. 计量管理 (2.0)	1. 计量认证水平； 2. 计量管理制度	实地考察	1	计量仪表校核不足	
	3. 安全管理 (1.0)	1. 安全制度； 2. 安全演练； 3. 是否发生安全事故	实地考察 查阅资料	1.0	较好	
	4. 应急管理 (1.0)	1. 应急预案； 2. 应急演练； 3. 应急物资； 4. 以往突发事件响应	实地考察 查阅资料	0.5	应急处理设施不足	

续表

类别	专家评分项目	评 分 参 考	评估方法	得分	扣分原因	类别总分
运行管理 (10.0)	5. 水厂管理 (1.0)	1. 厂容厂貌; 2. 生产报表; 3. 设备保养水平	实地考察	0.4	1. 厂区内杂物、杂乱; 2. 设备相对使用寿命较长 拆卸管道对方	6.2
	6. 管网管理 (1.0)	1. 管网管理制度及实施; 2. 管网管理信息化水平	实地考察 查阅资料	1.0	较好	
	7. 工程管理 (1.0)	1. 工程管理制度及实施; 2. 工程施工质量	实地考察 查阅资料	0.8	较好	
	8. 数据填报可靠性 (1.0)	数据是否来自具有资质的水质检验实验室或第三方数据	实地考察	0.5	无相应的水质数据质量控制环节	
财务管理 (8.0)	1. 财务制度 (2.0)	财务制度是否合理完善	交谈询问 查阅资料	1.8	较好	6.2
	2. 财务机构设置 (2.0)	财务结构是否合理完善	交谈询问 查阅资料	1.8	较好	
	3. 财务人员业务水平 (1.0)	财务人员业务水平	专业考评 交谈询问	0.8	较好	
	4. 财务管理信息化水平 (1.0)	使用专业的财务软件	实地考察	0.8	较好	
	5. 财务风险评价 (1.0)	1. 公司的现金流是否无风险; 2. 公司是否无不良信贷记录	查阅资料 交谈询问	0.5	资产负债率略高	
	6. 数据填报可靠性 (1.0)	数据是否已通过审计（外审、内审）	实地考察	0.5	审计情况尚未核实	

续表

类别	专家评分项目	评分参考	评估方法	得分	扣分原因	类别总分
资源管理 (5.0)	1. 供水保障性 (1.0)	1. 原水供水保障率是否高于95%； 2. 是否拥有备用水源	查阅资料 交谈询问 实地考察	0.9	较好，西部水厂为东部的备用给水单位	2.7
	2. 节水管理 (1.0)	1. 是否使用节水器材； 2. 公司节水制度	实地考察 交谈询问	0.5	无相应的节水器材	
	3. 节能管理 (1.0)	1. 是否使用节能设备； 2. 公司节能制度	实地考察 交谈询问	0.3	无节能设备和制度	
	4. 水厂污泥处理 (1.0)	水厂污泥是否无害化处理	实地考察 交谈询问	0	无污泥处理设施	
	5. 数据填报可靠性 (1.0)	1. 数据是否通过规定的正确测量方式测量得出； 2. 数据是否通过已有数据经过合理推算得出	实地考察 交谈询问	1.0	数据相对可靠	
资产管理 (5.0)	1. 资产保值 (1.0)	1. 资产结构是否合理； 2. 资产收益率是否高	交谈询问 查阅资料	0.5	当前主营业务利润率较低	3.6
	2. 技改管理 (1.0)	1. 年度技改资金投入； 2. 年度技改工作管理	交谈询问 查阅资料	0.8	较好	
	3. 资产维修管理 (1.0)	1. 年度资产维修投入； 2. 年度资产维修管理	交谈询问 查阅资料	0.5	一些资产维修力度不高	
	4. 无形资产管理 (1.0)	1. 文档、资料管理； 2. 是否拥有知识产权、专利等无形资产	交谈询问 查阅资料	1.0	通过水专项拥有了数项自主知识产权	
	5. 数据填报可靠性 (1.0)	数据是否通过规定的正确测量方式测量得出	实地考察	0.8	相对可靠	

第 8 章　供水绩效评估案例

续表

类别	专家评分项目	评分参考	评估方法	得分	扣分原因	类别总分
人事管理 (4.0)	1. 企业文化建设 (0.5)	1. 公司是否拥有统一的 logo、企业口号、企业精神等；2. 公司在行业或当地是否有较高的认知度；3. 员工对企业的认知度	交谈询问 查阅资料	0.5	企业文化建设良好	3.1
	2. 政府奖励、行业认证 (0.5)	取得一项当地政府（市级）或行业奖项得 0.1 分，满分不超过 1 分	查阅资料	0.4	服务获当地政府奖励	
	3. 人员培训 (0.5)	员工每年有适当的培训机会	交谈询问 查阅资料	0.2	较差	
	4. 人员流动及内部管理结构 (0.5)	1. 人员流失比例；2. 人员内部晋升机制	交谈询问 查阅资料	0.2	高等管理人员及技术人员不足	
	5. 公司内部员工绩效考核制度 (1.0)	1. 公司是否采取绩效考核制度；2. 绩效考核制度设置是否合理、完善	交谈询问 查阅资料	0.8	使用绩效考核制度	
	6. 数据填报可靠性 (1.0)	数据是否来自定期开展人事变动统计工作的人力资源部门（或劳资部门）1.0 的统计报表	实地考察	0.9	比较可靠	
总分 (40.0)				28.8		

8.3 改进建议

2011年X公司度横向评估总得分为61.8分，综合评估得分均较低，建议从以下方面予以改进和加强，以期提高生产效率，达到国内优秀水平：

（1）在公司财务状况允许的前提下对传统工艺和陈旧工艺进行提升改造，提高生产过程自动化程度，提升供水水质的保障程度。

（2）加大管网探漏力度，采用分区测量的方式，对供水主干管和配水管网、管道接头进行定期排查；另外，对一些密封性差的管件以及金属管道中微小腐蚀形成漏孔的地方，通过建立供水系统水压模型，采用系统压力控制方法将物理漏损水量降到最低。

（3）增加水厂及管网的计量设备的功能，并对设备进行良好维护以保证其准确性。

（4）定期对用户端的水表校验，加强执法力度以控制未经授权的非法用水，合理降低管理漏损水量。

（5）加强各水厂水质检测的监督和质量控制手段，保证数据质量。将各水厂的水质监测工作集合到现有的四水厂综合水质检测中心，进行水样的统一检测和数据备案；或请第三方进行数据质量控制。

（6）开展单泵机组效能测试，适当应用变频调速装置技术，并且对泵进行最佳运行组合，以降低目前较高的配水综合单位电耗，达到显著地节能效果。

（7）公司长期偿债能力较为薄弱，发展存在一定的财务风险，建议公司恰当合理地利用财务杠杆来为公司运营增效。

（8）建立完善的安全生产责任制度，培训员工按照各项安全操作规程进行日常操作和维护。

（9）引进适当的高级管理人员及技术人才，合理分配企业内部从业人员的岗位结构，提高从业人员的专业技能；打破目前各水厂人员固定的模式，按照岗位及专业进行各个水厂职工的调配和轮岗，以横向调动的方式提高员工的专业性。

（10）形成能够快速有效解决客户投诉问题的专业技术团队，提高用户满意度；将优质服务纳入年度工作目标和考核范围，对优质服务的工作目标、内容、进度、成效进行细化和分解，坚持年终考核与日常考核相结合，严格兑现奖惩。

第9章 结论与建议

通过绩效评估可以判断企业的经济实力，衡量企业的服务效果，提示企业的经营风险，确定绩效提升的目标和方法，促进企业良性发展。随着我国水务行业引入市场机制，水务投资已经由单一的国家投入发展到国家和社会资本的共同投入，运营主体也由单一的国企发展到国企、民企、私企等多种经济形式的企业，随之，绩效评估管理将成为维护行业服务水平、保证企业可持续发展的重要管理方法。

国家"水专项"下"供水绩效评估与示范"课题组瞄准我国水务行业发展的需求，借鉴国际经验，通过研究与示范应用，在"十一五"期间形成了：

（1）符合中国国情的供水绩效管理指标体系，这是由服务、运营、资源、资产、财经、人事等六个方面构成，分为指标、变量两个层级，包括了每个指标的定义、计算公式、推荐的使用方法和行业基准值。

（2）开发了绩效评估方法，编制了绩效管理办法（送审稿）。

纵观国际水务行业绩效评估与管理的发展，1989年伴随英国水务改革而建立的系统化、制度化绩效管理体系成为行业瞩目的标志性节点。随着监管部门、投资机构、公众监督的需求日益强烈，各国正在将水务绩效评估的研究与应用推向新的高度。英国、西班牙、葡萄牙等国家的水务监管机构形成了完善国家水务绩效监管的方法，澳大利亚形成了以行业协会组织、企业自愿参加的绩效评估与管理的方法，国际实践已经表明了绩效评价在促进行业发展中的巨大作用。国际水协2001年出版了《供水服务绩效指标手册》，并在此后两次补充再版，2015年出版发行了《水务行业评级标准》，试图从行业共同特点和一致需求出发，提供各国借鉴或使用，包括了自评估—审计—评级的水务绩效评估实用方法。

在我国，水务绩效评估尚在起步阶段，我们研究的目标就是要建立一套适用于企业自评估、行业内部比较性评估的方法。企业自评估的作用在于：

1）客观地分析、认识自我；

2）找出问题，制定改进措施；

3）制定规划和年度计划。

行业内部各企业之间比较性评估的作用在于：

1）认识企业绩效在行业中的相对排位，激发企业绩效提升的潜在动力；

2）认识行业发展水平，判断行业共性问题；

3）制定行业政策和技术规范；

4）制定行业发展规划。

对于企业的自评估，应该建立企业自身的目标值，评估周期为一个年度，目标值可以作年度调整；对于行业内企业之间的比较性评估，应该建立行业的基准值，评估周期通常为一个年度，基准值相对稳定。对于政府部门、投资机构、消费者更关心企业之间的比较性评估，企业经营者无疑在加入企业间评估的同时，更关注于企业自身的绩效评估。课题研究中，在评估指标体系设计上是以行业为前提的，指标选用考虑到行业绩效评估的通用性；评估方法以比较性评估为前提的，可以做企业之间的横向比较，也可以做企业内部的纵向比较；指标权重由专家组确定；评估包括指标评估和现场考核评估，打分采用百分计算，满分为 100分。评估的结论可以仅限内部使用，也可以向社会公开，这需要在制定评估计划时就确定，以使整个评估内容的选择、评估过程的确定都更具有针对性。

在行业内实施绩效评估需要技术方法和组织保障，这需要能够反映和判断企业绩效的技术方法，也需要实施评估与绩效考核的组织形式，二者共同构成了绩效评估管理体系。

"十一五"课题的研究成果为绩效评估管理的技术方法形成奠定了基础，但是，我们也意识到这套指标在示范水务公司使用过程中遇到过一些问题，有些指标的行业基准值需要有更广泛的应用和实验基础来确定，比如：管网压力合格率；水量平衡分析需要企业内部强有力的组织支持与协调，有个别行业基准值的确定还需要进行细致的实验来提供依据。同时，培育专业化的评估团队，建立智能化的信息平台是"十一五"课题研究成果推广应用的必要条件。

附录

附录A 国外城市供水绩效指标体系

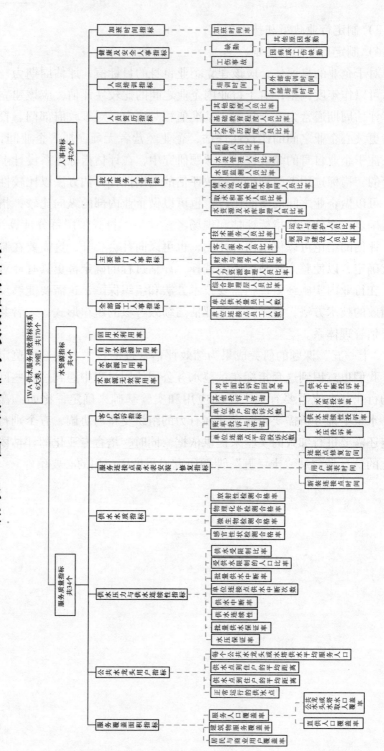

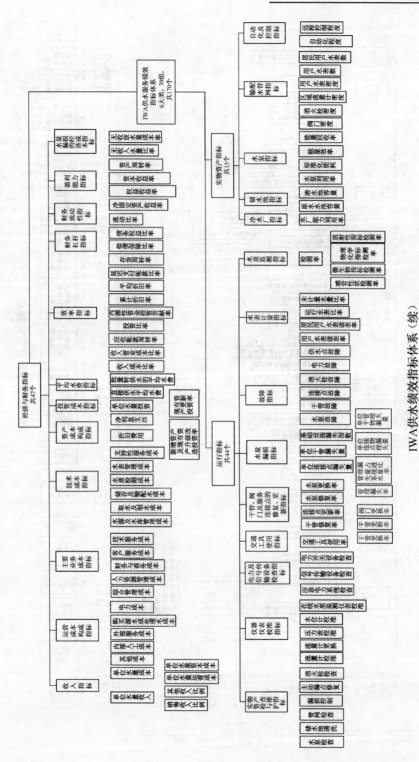

IWA供水绩效指标体系（续）

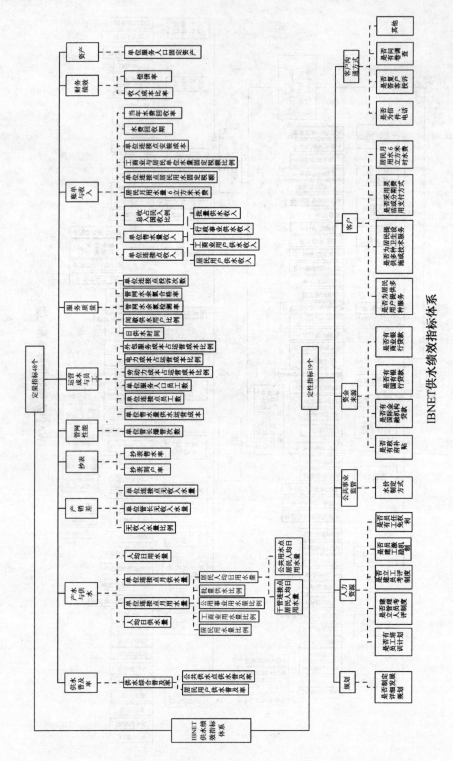

IBNET供水绩效指标体系

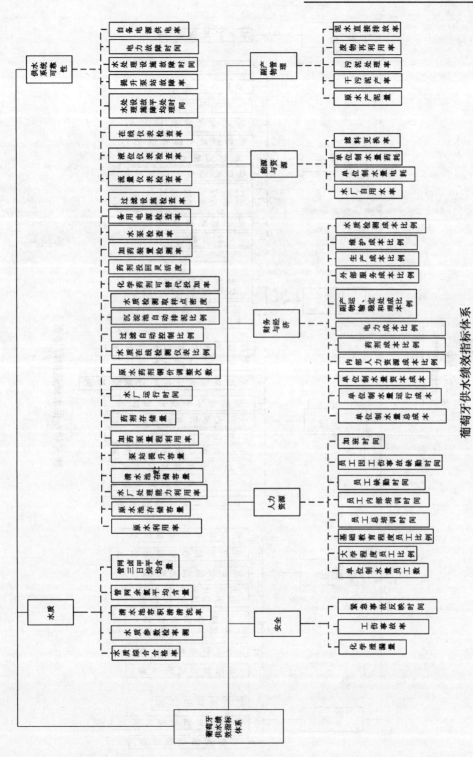

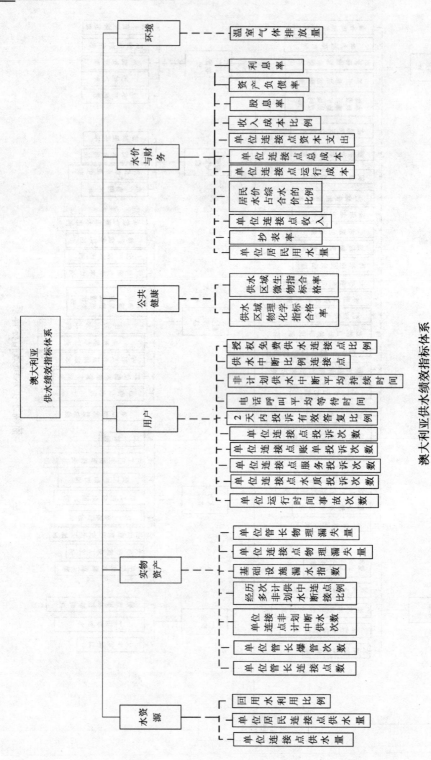

澳大利亚供水水绩效指标体系

附录 B 城市供水绩效指标频度分析表

附表 1

供水绩效指标频度分析

编制单位：水专项-供水绩效课题组　　　　编制日期：2010 年 2 月 24 日

注：◆表示存在该绩效指标或等同绩效指标。IWA—国际水协，WBG—世界银行，ISO—国际化标准组织，OFW—英国水务办公室，WS—澳大利亚供水服务协会，Po—葡萄牙，Ve—荷兰供水协，Ko—韩国，Ch—中国。

类别	编号	供水服务绩效指标	IWA	WBG	ISO	OFW	WS	Po	Ve	Ko	Ch	频度	准指标							备注
													1	2	3	4	5	6	7	
人事	RS1	单位连接点（用户）员工数	◆	◆		◆		◆				4	√		☺	√	√		☺	候补指标
	RS2	单位供水量员工数	◆			◆		◆				3	√	√	☺	√	√	√	☺	候补指标
	RS3	单位供水管长员工数									◆	1		√	☺	√	√			
	RS4	单位员工服务人口数								◆	◆	2		√	☺	√	√	×		
	RS5	综合管理层人员比率	◆									1						×		
	RS6	人力资源管理人员比率	◆									1								
	RS7	财务与商务人员比率	◆									1								
	RS8	客户服务人员比率	◆		◆							2								
	RS9	技术服务人员比率	◆									1								
	RS10	规划与建设人员比率	◆									1								
	RS11	运行与维护人员比率	◆									1								
	RS12	水资源及水库管理人员比率	◆									1								
	RS13	取水和制水人员比率	◆									1								
	RS14	贮水池及输配水管网人员比率	◆									1								
	RS15	水质监测人员比率	◆									1								

135

编制单位: 水专项·供水绩效课题组　　　　　　　　　　　　　　编制日期: 2010 年 2 月 24 日

注: ◆表示存在该绩效指标或等同绩效指标。IWA—国际水协，WBG—世界银行，ISO—国际化标准组织，OFW—英国水务办公室，WS—澳大利亚供水服务协会，Po—葡萄牙，Ve—荷兰供水协，Ko—韩国，Ch—中国。

类别	编号	供水服务绩效指标	IWA	WBG	ISO	OFW	WS	Po	Ve	Ko	Ch	频度	准指标							备注
													1	2	3	4	5	6	7	
人事	RS16	水表管理人员比率	◆									1								
	RS17	后勤人员比率	◆									1								
	RS18	大学学历员工比例	◆					◆				2								
	RS19	高级职称员工工比例	◆								◆	1		✓	☺					调整后采用
	RS20	其他程度人员比例	◆									1		✓	☺					调整后采用
	RS21	人均培训时间	◆					◆		◆		3	✓							
	RS22	内部培训时间	◆									1								
	RS23	外部培训时间	◆									1								
	RS24	工伤事故率	◆			◆		◆				4	✓							咨询后排除
	RS25	缺勤率	◆			◆	◆	◆				3	✓							咨询后排除
	RS26	因病或工伤缺勤	◆									1								
	RS27	其他原因缺勤	◆			◆						1								
	RS28	加班时间率	◆									2								
水资源	SZ1	供水系统漏失率	◆			◆						3	✓	✓	☺					并入 SZ3 采用
	SZ2	水资源可用率	◆									1								
	SZ3	取水管网漏失率	◆			◆					◆	4	✓	✓	☺					并入 SZ1 采用
	SZ4	回用水利用率				◆						2								
	SZ5	综合自用水系数					◆				◆	2			☺					调整后采用
	SZ6	地下水开采率									◆	1								

续表

编制单位：水专项-供水绩效课题组　　　　　　编制日期：2010 年 2 月 24 日

注：◆ 表示存在该绩效指标或绩效等同绩效指标。IWA—国际水协，WBG—世界银行，ISO—国际化标准组织，OFW—英国水务办公室，WS—澳大利亚供水服务协会，Po—葡萄牙，Ve—荷兰供水协，Ko—韩国，Ch—中国。

类别	编号	供水服务绩效指标	IWA	WBG	ISO	OFW	WS	Po	Ve	Ko	Ch	频度	1	2	3	4	5	6	7	备注
资产	ZC1	生产能力利用率	◆					◆		◆	◆	5	√	√	◎				◎	
	ZC2	原水池容量	◆	◆				◆				3	√							
	ZC3	产水贮存能力	◆					◆				2		◎					◎	调整后采用
	ZC4	水泵利用率	◆									1								
	ZC5	标准化能耗	◆					◆			◆	3	√	◎		√	√	√	◎	
	ZC6	能量效率	◆									1								
	ZC7	能量回收率	◆		◆							2								
	ZC8	阀门密度	◆									1								
	ZC9	消火栓密度	◆									1								
	ZC10	区域流量计量密度	◆									1								
	ZC11	单位用户表数	◆									1								
	ZC12	单位连接点水表数	◆									1								
	ZC13	居民用户水表密度	◆									1								
	ZC14	自动化程度	◆					◆				2								
	ZC15	远程控制程度	◆									1								

编制单位：水专项-供水绩效课题组　　　　　　　　　　　　编制日期：2010 年 2 月 24 日

注：◆表示存在该绩效指标或同绩效指标。IWA—国际水协，WBG—世界银行，ISO—国际化标准组织，OFW—英国水务办公室，WS—澳大利亚供水服务协会，Po—葡萄牙，Ve—荷兰供水协，Ko—韩国，Ch—中国。

类别	编号	供水服务绩效指标	IWA	WBG	ISO	OFW	WS	Po	Ve	Ko	Ch	频度	1	2	3	4	5	6	7	备注
服务	FU1	居民与商业用户覆盖率	◆									1	✓							
	FU2	建筑物服务覆盖率	◆									1								
	FU3	服务人口覆盖率	◆	◆	◆					◆	◆	6		✓	◎	✓	✓	✓		
	FU4	直供人口覆盖率	◆									2		✓						
	FU5	公共水龙头或水塔取水人口覆盖率	◆	◆	◆							3	✓							
	FU6	正常运行的供水点	◆									1								
	FU7	供水点到住户的平均距离	◆									1								
	FU8	公共水龙头或水塔供水人均用水量	◆									1								
	FU9	每个公共水龙头或水塔供水平均服务人口	◆									1								
	FU10	水压保障率	◆	◆							◆	4	✓		◎	✓	✓			
	FU11	供水低压区面积比例	◆								◆	1				✓		✓		
	FU12	批量供水保证率	◆									1								强制保留
	FU13	供水连续性	◆		◆							2								
	FU14	供水中断率	◆			◆	◆					4	✓							
	FU15	单位连接点供水中断次数	◆				◆	◆				3	✓						◎	
	FU16	批量供水中断率	◆									1								

编制单位：水专项-供水绩效课题组　　　　　　编制日期：2010 年 2 月 24 日

注：◆ 表示存在该绩效指标或同绩效指标。IWA—国际水协，WBG—世界银行，ISO—国际化标准组织，OFW—英国水务办公室，WS—澳大利亚供水服务协会，Po—葡萄牙，Ve—荷兰供水协，Ko—韩国，Ch—中国。

类别	编号	供水服务绩效指标	IWA	WBG	ISO	OFW	WS	Po	Ve	Ko	Ch	频度	准指标 1	2	3	4	5	6	7	备注
服务	FU17	供水受限制人口比率	◆	◆								3	√							
	FU18	供水受限制时间比率	◆									1								
	FU19	水质综合合格率	◆		◆	◆	◆			◆	◆	7	√	√	◎	√	√		☺	强制保留
	FU20	感官性状检测合格率	◆		◆						◆	4	√		◎	√	×		☺	候补指标
	FU21	微生物指标检测合格率	◆						◆		◆	3	√	√		√	×		☺	候补指标
	FU22	物理化学指标检测合格率	◆	◆				◆	◆		◆	5	√	√		√	×		☺	候补指标
	FU23	放射性指标检测合格率	◆						◆			2	√			√	×			
	FU24	二次供水合格率	◆								◆	1						◎		
	FU25	原水水质合格率	◆								◆	1	√							
	FU26	连接点新装时间	◆		◆							2								
	FU27	平均用户表时间	◆									1								
	FU28	连接点修复时间	◆		◆		◆					2								
	FU29	单位连接点投诉次数		◆		◆	◆					4	√	√		√				
	FU30	账单投诉与咨询	◆			◆						4	√	√	◎	√			☺	候补指标
	FU31	其他投诉与咨询	◆									1	√							

密　级

编制单位：水专项-供水绩效课题组　　　　　　　　编制日期：2010 年 2 月 24 日

注：◆ 表示存在该绩效指标或同绩效指标。IWA—国际水协，WBG—世界银行，ISO—国际化标准组织，OFW—英国水务办公室，WS—澳大利亚供水服务协会，Po—葡萄牙，Ve—荷兰供水协，Ko—韩国，Ch—中国。

类别	编号	供水服务绩效指标	IWA	WBG	ISO	OFW	WS	Po	Ve	Ko	Ch	频度	准指标							备注
													1	2	3	4	5	6	7	
服务	FU32	单位客户投诉次数	◆									1								
	FU33	水压投诉率	◆		◆							2								
	FU34	供水连续性投诉率	◆									1								
	FU35	水质投诉率	◆		◆		◆					3	√							
	FU36	供水中断投诉率	◆									1								
	FU37	书面投诉处理率	◆		◆	◆	◆	◆			◆	6	√	√	◎				◎	调整后采用
	FU38	客户满意度			◆				◆	◆	◆	4	√	◎	◎				◎	
	FU39	电话接通率				◆					◆	2	√	◎					◎	
	FU40	电话接通平均等待时间				◆	◆					2								
	FU41	管网修漏及时率									◆	1	√	◎		√				
	FU42	抄表准确率	◆									1								
运行	YX1	水泵检查率	◆					◆				2								
	YX2	清水池清洗率	◆					◆				2								
	YX3	管网检查率	◆								◆	2								
	YX4	漏损控制	◆									1								
	YX5	主动漏点修复	◆									1								

续表

编制单位：水专项 - 供水绩效课题组　　　　　　　　编制日期：2010 年 2 月 24 日

注：◆表示存在该绩效指标或等同绩效指标。IWA—国际水协，WBG—世界银行，ISO—国际化标准组织，OFW—英国水务办公室，WS—澳大利亚供水服务协会，Po—葡萄牙，Ve—荷兰供水协，Ko—韩国，Ch—中国。

类别	编号	供水服务绩效指标	IWA	WBG	ISO	OFW	WS	Po	Ve	Ko	Ch	频度	准指标 1	2	3	4	5	6	7	备注
运行	YX6	消火栓检查	◆									1								
	YX7	流量计校准率	◆					◆			◆	3	√	√	◎			◎		候选指标
	YX8	流量计更换	◆									1								
	YX9	压力计校准	◆									1								
	YX10	水位计校准	◆									1								
	YX11	在线水质检测仪表校准	◆									1								
	YX12	应急电力系统检查	◆					◆				2								
	YX13	信号传输设备检查	◆									1								
	YX14	电力开关设备检查	◆									1								
	YX15	交通工具使用率	◆									1								
	YX16	干管修复率（管道修复率）	◆			◆		◆		◆	◆	5	√	◎	√			◎		调整后采用
	YX17	干管更换率	◆			◆						2								
	YX18	干管更新率	◆			◆						2								
	YX19	阀门更换率	◆									1								
	YX20	连接点更新率	◆					◆				2								
	YX21	水泵修复率	◆									1								

141

编制单位：水专项-供水绩效课题组　　　　　　　　编制日期：2010 年 2 月 24 日

注：◆ 表示存在该绩效指标或等同绩效指标。IWA—国际水协，WBG—世界银行，ISO—国际化标准组织，OFW—英国水务办公室，WS—澳大利亚供水服务协会，Po—葡萄牙，Ve—荷兰供水协，Ko—韩国，Ch—中国。

类别	编号	供水服务绩效指标	IWA	WBG	ISO	OFW	WS	Po	Ve	Ko	Ch	频度	准指标 1	2	3	4	5	6	7	备注
	YX22	水泵更换率	◆									1								
	YX23	单位连接点漏失量	◆	◆								2								
	YX24	单位干管漏失量（管长）	◆	◆							◆	3	√	√	⊙	√			⊙	候选指标
	YX25	管网漏失率	◆									1								
	YX26	管理漏失量占系统进水量比率	◆									1								
	YX27	单位连接点物理漏失量	◆		◆	◆	◆					4	√							
	YX28	单位干管物理漏失量（管长）	◆								◆	3	√	√	⊙				⊙	调整后采用
	YX29	设施漏失指数	◆									2								
运行	YX30	水泵故障	◆									1								
	YX31	干管故障（爆管次数）	◆	◆	◆	◆	◆	◆				6	√	√	⊙	√			⊙	候选指标
	YX32	连接点故障	◆									1								
	YX33	消火栓故障	◆									1								
	YX34	电力故障	◆									1								
	YX35	供水点故障	◆									1								
	YX36	用户水表读表率	◆	◆								2								
	YX37	居民用户水表读表率	◆									1								

续表

编制单位：水专项 - 供水绩效课题组　　　　　　　编制日期：2010 年 2 月 24 日

注：◆ 表示存在该绩效指标或等同绩效指标。IWA—国际水协，WBG—世界银行，ISO—国际化标准组织，OFW—英国水务办公室，WS—澳大利亚供水服务协会，Po—葡萄牙，Ve—荷兰供水协，Ko—韩国，Ch—中国。

类别	编号	供水服务绩效指标	IWA	WBG	ISO	OFW	WS	Po	Ve	Ko	Ch	频度	准指标 1	2	3	4	5	6	7	备注
运行	YX38	居民用户水表更换率	◆									1								
	YX39	运行水表比率	◆								◆	2								
	YX40	计量售水率	◆	◆							◆	3			✓					
	YX41	水质检测率	◆									1								
	YX42	感官性状检测率	◆									1								
	YX43	微生物指标检测率	◆									1								
	YX44	物理化学指标检测率	◆									1								
	YX45	放射性指标检测率	◆									1								
	YX46	单位产水量耗电量									◆	1	✓		☺	✓	✓		☺	
	YX47	单位供水量消耗药剂量						◆			◆	2	✓		☺	✓	✓		☺	候补指标
	YX48	单位供水量消耗消毒剂量						◆			◆	2	✓		☺	✓	✓		☺	候补指标
	YX49	供水管网漏损率				◆	◆				◆	3	✓		✓	✓	✓		☺	候补指标
	YX50	单位取水量温室气体排放量				◆	◆					2								
	YX51	污泥利用率			◆			◆				2								

编制单位：水专项 - 供水绩效课题组　　　　编制日期：2010 年 2 月 24 日

注：◆ 表示存在该绩效指标或同绩效指标。IWA—国际水协，WBG—世界银行，ISO—国际化标准组织，OFW—英国水务办公室，WS—澳大利亚供水服务协会，Po—葡萄牙，Ve—委内瑞拉，Ko—韩国，Ch—中国。

类别	编号	供水服务绩效指标	IWA	WBG	ISO	OFW	WS	Po	Ve	Ko	Ch	频度	准指标 1	2	3	4	5	6	7	备注
	CJ1	单位供水量收入	◆	◆								3	√		☺				☺	并 CJ1 采用
	CJ2	销售收入比例	◆									1								
	CJ3	其他收入比例	◆									1								
	CJ4	单位连接点收入		◆								2								
	CJ5	居民用户售水收入比例		◆			◆				◆	3	√							
	CJ6	工商业用户售水收入比例		◆			◆				◆	2								
	CJ7	行政事业用户售水收入比例		◆							◆	2								
	CJ8	批量售水收入比例		◆								1								
财经	CJ9	单位供水量成本	◆	◆		◆	◆	◆			◆	6	√	√	☺				☺	并 CJ1 采用
	CJ10	单位水量运行成本	◆	◆		◆		◆				3	√							
	CJ11	单位水量资本成本	◆	◆				◆				2								
	CJ12	其他成本比例	◆	◆								1								
	CJ13	内部人工成本比例	◆	◆				◆			◆	4	√	√	☺					
	CJ14	外部服务成本比例	◆	◆				◆				3	√							
	CJ15	购买水源或调制水成本比例	◆	◆		◆						2			√					
	CJ16	电力成本比例	◆	◆				◆			◆	4	√	√	☺				☺	候补指标

144

续表

编制单位：水专项 - 供水绩效课题组　　　　　　　编制日期：2010 年 2 月 24 日

注：◆ 表示存在该绩效指标或等同绩效指标。IWA—国际水协，WBG—世界银行，ISO—国际化标准组织，OFW—英国水务办公室，WS—澳大利亚供水服务协会，Po—葡萄牙，Ve—荷兰供水协，Ko—韩国，Ch—中国。

类别	编号	供水服务绩效指标	IWA	WBG	ISO	OFW	WS	Po	Ve	Ko	Ch	频度	准指标 1	2	3	4	5	6	7	备注
财经	CJ17	综合管理成本比例	◆									1								
	CJ18	人力资源管理成本比例	◆									1								
	CJ19	财务与商务成本比例	◆									1								
	CJ20	客户服务成本比例	◆									1								
	CJ21	技术服务成本比例	◆									1								
	CJ22	水源及水库管理成本比例	◆									1								
	CJ23	取水及产水成本比例	◆									1								
	CJ24	贮存及输配水成本比例	◆									1								
	CJ25	水质检测成本比例	◆					◆				2								
	CJ26	水表管理成本比例	◆									1								
	CJ27	支持性服务成本比例	◆									1								
	CJ28	折旧费用	◆									1								
	CJ29	净利息支出	◆				◆					2								
	CJ30	单位连接点收入					◆					1								
	CJ31	单位连接点利润					◆					1								
	CJ32	单位连接点运行成本				◆	◆					2								

编制单位：水专项-供水绩效课题组　　　　　　　　　　编制日期：2010 年 2 月 24 日

注：◆表示存在该绩效指标或等同绩效指标。IWA—国际水协，WBG—世界银行，ISO—国际化标准组织，OFW—英国水务办公室，WS—澳大利亚供水服务协会，Po—葡萄牙，Ve—荷兰供水协，Ko—韩国，Ch—中国。

续表

类别	编号	供水服务绩效指标	IWA	WBG	ISO	OFW	WS	Po	Ve	Ko	Ch	频度	准指标 1	2	3	4	5	6	7	备注
	CJ33	单位连接点总成本					◆					1								
	CJ34	净资产负债率									◆	1		√	◎				◎	调整后采用
	CJ35	单位连接安装成本		◆								1								
	CJ36	单位水量投资	◆									1								
	CJ37	新增资产及现有资产升级改造投资率	◆									1								
	CJ38	现有资产更新投资率	◆									1								
	CJ39	直接供水平均水费	◆									1								
	CJ40	批量转供水平均水费	◆									1								
财经	CJ41	总收入成本比率	◆	◆		◆						3	√	√	◎	√	√	√	◎	调整后采用
	CJ42	收入营业成本比率	◆			◆						2								
	CJ43	应收账款周转率	◆									1								
	CJ44	投资比率	◆									1								
	CJ45	内源性资金投资贡献率	◆									1								
	CJ46	累计折旧率	◆									1								
	CJ47	平均折旧率	◆									1								
	CJ48	延迟支付账款比率	◆									1								
	CJ49	存货周转率	◆	◆								1								
	CJ50	偿债保障比率								◆		3	√							

编制单位：水专项·供水绩效课题组　　　　　　　　编制日期：2010 年 2 月 24 日

注：◆ 表示存在该绩效指标或等同绩效指标。IWA—国际水协，WBG—世界银行，ISO—国际化标准组织，OFW—英国水务办公室，WS—澳大利亚供水服务协会，Po—葡萄牙，Ve—荷兰供水协，Ko—韩国，Ch—中国。

类别	编号	供水服务等绩效指标	IWA	WBG	ISO	OFW	WS	Po	Ve	Ko	Ch	频度	准指标 1	2	3	4	5	6	7	备注
财经	CJ51	债务权益比率	◆			◆						2	√							
	CJ52	流动比率	◆									1	√							
	CJ53	净资产收益率	◆									1	√							
	CJ54	权益收益率	◆									1	√							
	CJ55	资本收益率	◆				◆					2	√			√				
	CJ56	资产周转率	◆									1	√							
	CJ57	无收入水量比率（产销差率）	◆	◆				◆		◆	◆	5	√	√	☺	√	√	☺		
	CJ58	无收入水量成本比率	◆									1	√	√	☺					
	CJ59	年水费回收率		◆		◆					◆	3	√	☺		√	√	☺		
	CJ60	年环账率		◆								1	√							
其他指标	BJ1	人均日供水量	◆	◆		◆	◆				◆	5	√	√	☺	√	√			调整后采用
	BJ2	供水管网输水能力				◆					◆	2	√	√				√		
	BJ3	单位连接点月供水量（用户水表）		◆			◆					2				√	√			
	BJ4	单位连接点月用水量（用户水表）		◆								1				√				
	BJ5	居民用水量比例		◆							◆	2				√				
	BJ6	工商业用水量比例		◆							◆	2				√				
	BJ7	公用事业用水量比例		◆							◆	2				√				

续表

编制单位：水专项 - 供水绩效课题组　　　　　　编制日期：2010 年 2 月 24 日

注：◆ 表示存在该绩效指标或等同绩效指标。IWA—国际水协，WBG—世界银行，ISO—国际化标准组织，OFW—英国水务办公室，WS—澳大利亚供水服务协会，Po—葡萄牙，Ve—荷兰供水协，Ko—韩国，Ch—中国。

类别	编号	供水服务绩效指标	IWA	WBG	ISO	OFW	WS	Po	Ve	Ko	Ch	频度	准指标 1	2	3	4	5	6	7	备注
其他指标	BJ8	批量用水量比例		◆								1					√			
	BJ9	特种行业用水量比例									◆	1				√				
	BJ10	居民人均日用水量		◆		◆					◆	3			√					
	BJ11	干管连接点居民日人均用水量		◆								1								
	BJ12	公共用水点居民日人均用水量		◆								1								
	BJ13	抄表到户率		◆		◆					◆	3			◎	√				◎调整后采用
	BJ14	间歇供水用户比例		◆								1								
	BJ15	水费回收期		◆								1								
	BJ16	单位服务人口固定资产		◆								1								
	BJ17	总收入占国民收入比例		◆								1								
	BJ18	单位连接点居民用水固定税额		◆								1								
	BJ19	工商业与居民单位水量固定税额比率		◆								1								
	BJ20	居民月用水量 6m³ 水费		◆								1								
	BJ21	供水管网密度									◆	1				√				
	BJ22	单位管长连接点数量（用户水表）					◆											√		
	BJ23	单位管长供水量					◆				◆	1								
	BJ24	单位居民连接点供水量					◆					1								
	BJ25	单位水量平均水价						◆				1								
	BJ26	人均日水量供需比			◆							1								
	BJ27	安全供水指数				◆						1								

附录 C　"泵站供水综合单位电耗"测算

水量每小时读数一次；泵进、出口压力每半小时抄表一次，取三次平均值（一小时的两端及中间），每台泵每小时计算一次水量×扬程（为有用功率值 $Q \times H$），一段时间内总用电量（kWh）除以累计的有用功率值（QH），即为该期间的配水电耗。而目前大部分水厂流量仪都是装在总管中的，考虑到上述因素对测算方法稍作改进：电量为泵房 24h 用电量，水量为 24h 出水量，泵进、出口压力每半小时测量一次，扬程取每天的平均值。

下面为计算实例：某泵房 24h 所有运行水泵的总出水量为 100000m³，总用电量为 15000kWh（不包括变压器损耗和泵房内其他用电，如行车、通风机、真空泵、排水泵、生活用电等）。压力表每半小时抄一次，抄表值汇总见附表 2：

抄表值
附表 2

时间	1 号水泵压力（MPa）		2 号水泵压力（MPa）		3 号水泵压力（MPa）		合计压力（MPa）
	泵进口 半点/整点	泵出口 半点/整点	泵进口 半点/整点	泵出口 半点/整点	泵进口 半点/整点	泵出口 半点/整点	
1:00			-0.02/-0.02	0.35/0.35			
2:00			-0.02/-0.02	0.35/0.35			
3:00			-0.02/-0.02	0.35/0.35			
4:00			-0.02/-0.02	0.35/0.35			
5:00	-0.01/-0.01	0.37/0.37	-0.02/0.02	0.36/0.36			
6:00	-0.01/-0.01	0.37/0.37	-0.02/-0.02	0.36/0.36			
7:00	-0.01/-0.01	0.37/0.37	-0.02/-0.02	0.36/0.36			
8:00	-0.01/-0.01	0.36/0.36	-0.02/-0.02	0.35/0.35			
9:00	-0.01/-0.01	0.36/0.36	-0.02/-0.02	0.35/0.35			
10:00	-0.01/-0.01	0.37/0.37	-0.02/-0.02	0.36/0.36	-0.02/-0.02	0.37/0.37	
11:00	-0.01/-0.01	0.37/0.37	-0.02/-0.02	0.36/0.36	-0.02/-0.02	0.37/0.37	
12:00	-0.02/-0.02	0.36/0.36	-0.03/-0.03	0.35/0.35	-0.03/-0.03	0.36/0.36	
13:00	-0.02/-0.02	0.36/0.36	-0.03/-0.03	0.35/0.35	-0.03/-0.03	0.36/0.36	
14:00	-0.02/-0.02	0.36/0.36	-0.03/-0.03	0.35/0.35	-0.03/-0.03	0.36/0.36	

时间	1 号水泵压力（MPa）		2 号水泵压力（MPa）		3 号水泵压力（MPa）		合计压力（MPa）
	泵进口 半点/整点	泵出口 半点/整点	泵进口 半点/整点	泵出口 半点/整点	泵进口 半点/整点	泵出口 半点/整点	
15:00	−0.02/−0.02	0.36/0.36	−0.03/−0.03	0.35/0.35	−0.03/−0.03	0.36/0.36	
16:00	−0.02/−0.02	0.35/0.35	−0.03/−0.03	0.34/0.34	−0.03/−0.03	0.35/0.35	
17:00	−0.02/−0.02	0.35/0.35	−0.03/−0.03	0.34/0.34	−0.03/−0.03	0.35/0.35	
18:00	−0.02/−0.02	0.34/0.34	−0.03/−0.03	0.33/0.33	−0.03/−0.03	0.34/0.34	
19:00	−0.02/−0.02	0.34/0.34	−0.03/−0.03	0.33/0.33	−0.03/−0.03	0.34/0.34	
20:00	−0.02/−0.02	0.35/0.35	−0.03/−0.03	0.34/0.34	−0.03/−0.03	0.35/0.35	
21:00	−0.02/−0.02	0.35/0.35	−0.03/−0.03	0.34/0.34			
22:00	−0.02/−0.02	0.35/0.35	−0.03/−0.03	0.34/0.34			
23:00			−0.02/−0.02	0.35/0.35			
24:00			−0.02/−0.02	0.35/0.35			
合计压力	−0.29/−0.29	6.44/6.44	−0.59/−0.59	8.36/8.36	−0.31/−0.31	3.91/3.91	
开泵时间	18h		24h		11h		

泵房平均扬程为：

$(0.29 + 0.29 + 6.44 + 6.44 + 0.59 + 0.59 + 8.36 + 8.36 + 0.31 + 0.31 + 3.91$
$+ 3.91) \div [2 \times (18 + 24 + 11)] = 39.8 \div 106 = 0.375 MPa$

$QH = 100 km^3 \times 0.375 = 37.5 km^3 \cdot MPa$

配水电耗 = 电量/QH = 15000/37.5 = 400kWh/($km^3 \cdot MPa$)

某泵房考核期总用电量为 45 万 kWh，QH 累计值为 1154$km^3 \cdot MPa$

该泵房考核期的配水电耗为：450000 ÷ 1154 = 389.95kWh/($km^3 \cdot MPa$)

附录 D 数据可靠性划分一览表

水量数据		
编 号	数据名称	数据可靠性划分
可计量水量数据	居民生活用水	A——数据来自安装的流量计或水表直接计量得出； B——数据来自流量计或水表直接计量得出的值经简单计算得出； C——数据根据运行经验估算得出（但有换算依据）； D——数据来源无可查依据
	行政事业用水	
	工业用水	
	经营服务用水	
	特种行业用水	
	其他用水	
	计量免费供水量	
	地表水厂取水量	
	地下水厂取水量	
	补压井取水量	
	地表水厂供水量	
	地下水厂供水量	
	补压井供水量	
	最高日供水量	
	二泵站供水量	
	加压泵站供水量	
	居民家庭按户抄表用水量	
	居民家庭用水总量	
不可计量水量数据	未计量售水量	A——数据通过已有数据经过合理推算得出（有可查依据）； B——数据通过部分数据与经验估算相结合得出（部分数据可查）； D——数据来源无依据可查
	未计量免费供水量	
	地表水厂自用水量	
	地下水厂自用水量	
	物理损失水量	
	管理损失水量	

	水量数据	
编　号	数据名称	数据可靠性划分
有效设计容积	地表水厂设计日供水量	A——数据通过规定的正确测量方式测量得出； B——数据来自原始文件填报，未进行复测； C——数据是由运行状况估算得出； D——数据来源无可查依据
	地下水厂设计日供水量	
	补压井设计日供水量	
	水厂清水池有效容积	
	水厂其他调蓄池有效容积	

	运行数据	
编　号	数据名称	数据可靠性划分
水质数据	106 项水质检测合格项数	A——数据来自具有资质的水质检验实验室采样、化验、提供的检测报告，或当地城市卫生行政主管部门的检测报告； B——数据来自不具备资质的水质检验实验室采样、化验、提供检测报告采集； D——数据来源无可查依据
	106 项水质检测总项数	
	管网水浑浊度检测合格次数	
	管网水浑浊度检测检测次数	
	管网水色度检测合格次数	
	管网水色度检测检测次数	
	管网水臭和味检测合格次数	
	管网水臭和味检测检测次数	
	管网水余氯检测合格次数	
	管网水余氯检测检测次数	
	管网水菌落总数检测合格次数	
	管网水菌落总数检测检测次数	
	管网水总大肠菌群检测合格次数	
	管网水总大肠菌群检测检测次数	
	管网水 COD_{Mn} 检测合格次数	
	管网水 COD_{Mn} 检测检测次数	
	出厂水浑浊度检测合格次数	
	出厂水色度检测合格次数	

运行数据		
编　号	数据名称	数据可靠性划分
水质数据	出厂水臭和味检测合格次数	A——数据来自具有资质的水质检验实验室采样、化验、提供的检测报告，或当地城市卫生行政主管部门的检测报告； B——数据来自不具备资质的水质检验实验室采样、化验、提供检测报告采集； D——数据来源无可查依据
	出厂水肉眼可见物检测合格次数	
	出厂水余氯检测合格次数	
	出厂水菌落总数检测合格次数	
	出厂水总大肠菌群检测合格次数	
	出厂水耐热大肠菌群检测合格次数	
	出厂水 COD_{Mn} 检测合格次数	
	出厂水浑浊度检测次数	
	出厂水色度检测次数	
	出厂水臭和味检测次数	
	出厂水肉眼可见物检测次数	
	出厂水余氯检测次数	
	出厂水菌落总数检测次数	
	出厂水总大肠菌群检测次数	
	出厂水耐热大肠菌群检测次数	
	出厂水 COD_{Mn} 检测次数	
压力数据	管网压力检测合格总次数	A——数据来自水司压力系统 15min 自动打印传输形成的统计报表； B——数据来自供水运行时报； D——数据来源无可查依据
	管网压力检测总次数	
电耗数据	水厂二泵房耗电量	A——数据通过单个泵房已安装电表直接采集； B——数据通过总泵房电表值经估算得出； D——数据来源无可查依据
	加压泵站耗电量	

153

服务数据		
分　类	数据名称	数据可靠性
服务数据	被接起电话总量	A——数据来自当地政府信访办和消 　　协有关供水"三来"的登记 　　记录; B——数据来自客户服务系统,供水 　　企业处理"三来"的记录、供 　　水服务热线投诉记录和网络、 　　邮件或面对面投诉记录; D——数据来源无依据可查
	总来电量	
	及时处理水压投诉次数	
	及时处理水质投诉次数	
	及时处理计量投诉次数	
	及时处理断水投诉次数	
	及时处理其他投诉次数	
	水压投诉总次数	
	水质投诉总次数	
	计量投诉总次数	
	断水投诉总次数	
	其他投诉总次数	
	管网及时修漏次数	
	管网修漏次数	
满意度	收回有效水质满意项总项数	A——数据来自第三方满意度调查结 　　果记录; B——数据来自供水企业自行组织的 　　满意度调查结果记录; D——数据来源无依据可查
	收回有效水压满意项总项数	
	收回有效抄表缴费满意项总项数	
	收回有效工程安装满意项总项数	
	收回有效其他满意项总项数	
	收回有效指标项的水质总项数	
	收回有效指标项的水压总项数	
	收回有效指标项的抄表缴费总项数	
	收回有效指标项的工程安装总项数	
	收回有效指标项的其他总项数	

续表

财务数据

编 号	数据名称	数据可靠性划分
1	主营业务利润	A——数据来自已通过外部审计的财务报表； B——数据来自未通过外部审计，但已通过内部审计的财务报表； C——数据来自本企业内部即未通过外审也未通过内审的财务报表； D——数据来源无可查依据
2	主营业务收入	
3	平均售水单价	
4	平均制水成本	
5	供水总成本	
6	负债总额	
7	资产总额	
8	当期实收水费	
9	当期应收水费	

人事数据

编 号	数据名称	数据可靠性划分
1	在岗职工平均人数	A——数据来自定期开展人事变动统计工作的人力资源部门（或劳资部门）的统计报表； B——数据来自未定期开展人事变动统计工作的人力资源部门（或劳资部门）的统计报表； D——数据来源无可查依据
2	实际持证上岗人数	
3	应持证上岗人数	
4	中级及以上专业技术人员数量	

实物数据

编 号	数据名称	数据可靠性划分
1	DN75 以上（含 DN75）管道更新改造长度	A——数据由水司 GIS 系统（或 GIS 系统汇总的统计报表）中直接提取； B——数据来自其他汇总方式形成的统计报表（水司无 GIS 系统）； D——数据来源无可查依据
2	期初 DN75 以上（含 DN75）管道总长度	

参考文献

[1] P. Vieira, H. Alegre, M. j. Rosa, et al. Drinking water treatment plant assessment through performance indicators [J]. Water Science & Technology: Water Spply-WSTWS, 2008: 245~253.

[2] Ong Boon Kun, Suhaimi Abdul Talib, Ghufran Redzwan. Establishment of performance indicators for water supply services industry in Malaysia [J]. Malaysian Journal of Civil Engineering, 2007, 19 (1): 73~83.

[3] P. Vieira, C. Silva, M. J. Rosa, et al. A PI system for drinking water treatment plants-framework and case study application [J]. Performance Assessment of Urban Infrastructure Services. 2008: 389~402.

[4] 姚文彧，郑海良，王树成. 中国水务市场的现状与发展趋势 [EB]. 中国水网.

[5] 傅涛. 市场化进程中的中国水业 [M]. 北京：中国建筑工业出版社，2007.

[6] Caroline van den Berg, Alexander Danilenko. IBNET-a global database of the watersector's performance [R]. Water utility management international. 2008, 3 (2): 8~11.

[7] IBNET input data definitions [EB]. IBNET toolkit. http: //www. ib-net. org/.

[8] IBNET Data and Indicator Lists [EB]. http: //www. ib-net. org/.

[9] IBNET indicator definitions [EB]. IBNET toolki. thttp: //www. ib-net. org/.

[10] R. C. Marques, A. J. Monterio. Application of performance indicators in water utilites manangement-a case study in Portugal [J]. Water Science and Technology. 2001, 44 (2-3): 95.

[11] R. Cunha Marques, A. J. Monteiro. Application of performance indicators to control losses-results form the Portuguese water sector [J]. Water Science and Technology: Water Supply. 2003, 3 (1-2): 127~133.

[12] Reflections on performance 2006 [R]. Vewin. 2007.

[13] Peter Dane, Theo Schmitz. A sharp improvement in the efficiency of Dutch water utilities: benchmarking of water supply in the Netherlands, 1997-2007 [J]. Water utility management international. 2008: 17~19.

[14] 张进，韩夏筱. 绩效评估与管理 [M]. 北京：中国轻工业出版社，2009.

[15] 蔡志明，陈春涛，王光明等. 绩效、绩效评估与绩效管理 [J]. 中国医院，2005，9 (3): 67~72.

[16] 吕小柏，吴友军. 绩效评价与管理 [M]. 北京大学出版社，2013: 4.

[17] 袁竞峰，李启明，邓小鹏. 基础设施特许经营 PPP 项目的绩效管理与评估 [M]. 南京：东南大学出版社，2013.

[18] 苏为华. 多指标综合评价理论与方法问题研究 [D]. 厦门：厦门大学，2000: 13~93.

[19] 杜栋，庞庆华，吴炎. 现代综合评价方法与案例精选 [M]. 北京：清华大学出版

社，2008.

[20] 中国城镇供水协会．城市供水行业 2010 年技术进步发展规划及 2020 年远景目标［M］．北京：中国建筑工业出版社，2005.

[21] 吴邦信，陈天祥，孙海健．循环经济—我国可持续发展水资源战略［J］．贵州工业大学学报，2004，4（6）：21～25.

[22] 任奔，凌芳．国际低碳经济发展经验与启示［J］．上海节能，2009：10～14.

[23] H. Alegre，J. M. Baptista，E. C. Jr.，et al. Performance Indicators For Water Supply Services［J］．London：IWA Publishing，2006：5～12.

[24] 上海市自来水市北有限公司等．CJ/T 316—2009 城镇供水服务［S］．北京：中国标准出版社，2009.

[25] 中国城镇供水协会．CJ/T 206—2005，城市供水水质标准［S］．北京：中国标准出版社．

[26] 中国疾病预防控制中心环境与健康相关产品安全所等．GB 5749—2006 生活饮用水卫生标准［S］．北京：中国标准出版社，2007.

[27] 田家山．供水工程管理［M］．北京：水利电力出版社，1995：96.

[28] P. Pybus，G. Schoeman. Performance indicators in water and sanitation for developing areas［J］．Water Science and Technology，2001，44（6）：128～129.

[29] 李韩房．中国电力市场绩效评价指标体系及评价模型研究［D］．河北：华北电力大学，2008.

[30] S. Lee，H. Park，D. choi. A benchmarking study for reforming a Korean water department［J］．Water Science and Technology：Water Supply，2005，5（2）：9～15.

[31] 侯向阳，肖平．可持续发展指标体系的构建方法探讨［J］．农业现代化研究，1999，20（2）：77.

[32] 郭亚军．综合评价理论、方法及应用［M］．北京：科学出版社，2007.

[33] 李亮，吴瑞明．消除评价指标相关性的权值计算方法［J］．系统管理学报，2009，18（2）：221～225.

[34] 韩伯棠，王莹．中国科技人力资源评价指标体系构建方法研究［J］．北京理工大学学报，2006，8（6）：31～35.

[35] 严丽坤．相关系数与偏相关系数在相关分析中的应用［J］．云南财贸学院学报，2003，19（3）：78～80.

[36] 薛薇．统计分析与 SPSS 的应用［M］．北京：中国人民大学出版社，2008.

[37] 瑞斐拉·马托斯等．排水服务绩效指标体系手册［M］．安琳等译．北京：北京建筑工业出版社，2013.